中华科技传奇丛书

从司南到北斗导航

张慧娟　编著

上海科学普及出版社

图书在版编目(CIP)数据

从司南到北斗导航/张慧娟编著．－－上海：上海科
学普及出版社，2014.3
（中华科技传奇丛书）
ISBN 978－7－5427－6042－5

Ⅰ．①从…　Ⅱ．①张…　Ⅲ．①导航－技术史－中国－
普及读物　Ⅳ．①TN96－092

中国版本图书馆 CIP 数据核字(2013)第 306654 号

责任编辑:胡　伟

中华科技传奇丛书
从司南到北斗导航
张慧娟　编著
上海科学普及出版社出版发行
（上海中山北路 832 号　邮政编码 200070）
http://www.pspsh.com

各地新华书店经销　三河市华业印装厂印刷
开本 787×1092　1/16　印张 11.5　字数 181 400
2014 年 3 月第一版　2014 年 3 月第一次印刷

ISBN 978－7－5427－6042－5　定价:22.00 元

前言

　　导航究竟是什么？在生活中，我们可以把它看作是一个无所不知，不会迷路的"导游"，它可以指引我们到想到的地方。实际上，人们早已把导航的概念融入日常的生活里，用星星和地形地物来判断行进方向与所在位置。

　　相传远古时代，黄帝战蚩尤时，就发明了第一种定向工具"指南车"，大大推进了导航技术的发展。后来人类相继发明了磁罗盘、六分仪、牵星板、地基无线导航系统和惯性导航系统等。这些导航设备或者系统已不能完全满足现代人们的需要，但我们仍能从中感受到古人的智慧。

　　最早的导航仪是中国人发明的指南针。今天，社会上涌现出了各式各样的导航仪，它们被广泛应用在飞机、汽车、船舶以及人们日常生活中，而且随着科技的不断进步，人们对定位技术的认识也越来越深，导航的方法也越来越多，比如，全球导航系统（GPS）、北斗导航系统等。从司南到北斗导航系统，见证了我国导航的发展历程，不过，对于导航技术的探索，人类将永不停止。

　　导航不仅是指引我们不会迷路的"导游"，它更是一盏明灯，照亮我们的前程，让我们为之努力奋斗。本书内容丰富、新颖，语言简洁，向读者详细介绍了我国的导航发展史以及国外的导航技术，开拓我们的视野。你们想了解关于导航的更多内容吗？我们一起走进导航时代，去探索从古至今导航的更多奥秘吧！

目录

三、定位导航先驱者

四、国外导航设备

五、现代导航科技

一、中国古代辨别方位的工具

古代四大发明之一——司南

⊙拾遗钩沉

在生产力和科技水平都非常落后的远古时代，我们的祖先并没有辨别方位的工具。他们凭借长年累月对地理和天文知识的积累，逐渐摸索出一些简单实用的辨位方法。

古人最常用的辨位方法便是对太阳和北极星的观察。太阳东升西落，北极星所在的方向就是正北方，这些都是古人总结的常识。虽然这些方法操作简单，但是受自然环境影响非常大，不能随时随地对方位进行判断，从而制约了人们的行动。

早在2000多年前，我们的祖先在山中开采铁矿时发现了一种奇特的石头，这种石头具有吸铁的特性，《吕氏春秋》九卷精通篇有这样的记载："慈招铁，或引之也。"古时人称磁为"慈"，即把磁石吸引铁比作慈母对子女的吸引。据说秦始皇造阿房宫的时候，有一扇门就用磁石做成，当敌人进攻时，铁质的兵器就会被磁石门所吸引，从而失去攻击力。西汉时候，有个方士叫作栾大，这个人用磁石做了两个棋子，当调整棋子到合适的位置时，两个棋子便开始吸引或者排斥，当栾大将这两个棋子敬献给汉武帝时，汉武帝龙颜大悦，十分欢喜，竟将栾大封为"五利将军"。

后来，人们还发现了长条状磁石具有

我国史学家——王振铎

指南北的特性。在此基础上，春秋战国时期人们便制作出了世界上最早的指南装置——司南。

司南，顾名思义，就是指南的意思。东汉时期思想家王充写的《论衡》书中对司南有这样的记载："司南之杓，投之于地，其柢指南。"司南的实物并没有流传下来，它的真实模样、使用方法，我们只能从史书中窥见一斑。我国著名科技史学家王振铎根据《韩非子》和《论衡》的记载，考证并复原了司南。

王振铎复原的司南是一个勺子和一个底盘组合的装置，勺子用磁石雕刻而成，勺子的长柄为南（S）极，放置在一个磨得非常光滑的青铜质地的底盘上。底盘上刻有"四维"（即乾、坤、巽、艮）"八干"（即今之天干）"十二支"（即今之地支），组成二十四向。使用时，先把底盘放置平整，然后将勺子放在底盘中央，拨动其旋转，当勺子停止转动时，勺柄所指的方向即是南方。

司南的出现，是古人对磁体认识的一个具体应用，并为后来指南针的发展奠定了基础。在春秋战国时期，人们对玉的雕刻技术已经娴熟，能够将不同硬度的硬玉软玉雕刻成形状各异的器物。而天然磁石的硬度要小于玉，所以司南的生产应用成为可能。《鬼谷子·谋篇第十》中有"故郑人取玉也，载司南之车，为其不惑也。夫度材量能揣情者，亦事之司南也"的记载，郑国人采玉时就随身携带了司南，以确保不迷失方向。

司南虽然可以为古人指示方向，但它自身也存在着很多缺点。例如，在古代，天然磁石非常难以寻觅，而且天然磁石的磁性较弱，在加工过程中，随着敲击雕刻等工序的运用，加大了对磁石磁性的损坏，使得司南的磁性大大降低，影响了指南效果。此外，底盘与勺子之间的摩擦力要求非常小，否则将对方位指示的准确性造成很大的影响，这就对底盘的制作工艺提出了很高的要求。最后，司南是一个组合装置，底盘和勺子的体积很大，携带不方便，造成司南不

司南

能广泛地应用。

⊙史实链接

现今关于司南的知识，都是从古人有限的记载中获得的。真正的司南是什么模样，我们已无从考证。后人如钱临照院士等根据记载做了不少司南模型，王振铎复制的司南是其中的典型代表。然而，司南复制品一经问世便面对着诸多质疑。

我国国家博物馆研究员孙机

针对王振铎复制的司南，国家博物馆研究员孙机发表论文指出，我国古代司南其实是一种司南车或者指南车，而并非是一种勺状指南器。事实上，在《论衡》中，也并未指出司南是一种磁勺子。另外，古文献中也没有关于磁石极性的记载，勺子的制作不可能有目的地将勺柄一段选择为南S极。而且，王振铎选择的磁石并非天然磁石，而是经过人工磁化的钨钢，其磁性要比天然磁石强得多，并且要在通电的情况下才能正常工作。因此，王振铎制作的司南并不能反映古代司南真正的原貌。

在孙机之前，也有许多学者提出自己的见解，如东北师范大学教授刘秉正，通过对天然磁石指极性的实验，并结合考据指出，《论衡》中的司南其实是天上的北斗。中国科技大学教授李志超则认为司南是一种将磁石放在瓢中的装置，杭州大学教授王锦光认为司南是一种将磁勺子放入水银池中的装置。另外，司南是北斗的别称也成为目前较多人认可的观点，《自然辩证法通讯》中的《司南指南文献新考》进行了详细的考证，并且指出司南的很多用法都与北斗有关。

鉴于史料有限，目前还没有一个学说能够真正对司南作出合理的解释，所以目前我们还是参照主流的看法来看待司南。可能随着未来的考古发现和科技的发展，我们最终能解开关于司南的谜团。

⊙古今评说

在科技不发达的古代，工具的应用成为制约社会生产力发展的障碍。古代劳动人民从自己生活实践中总结出一些自然规律，并据此制造出实用性的生产工具，是社会的巨大进步。

司南的纪念邮票

自司南发明以来，人们将司南运用到农业、军事、航海等领域，极大地方便了人们对自然的探索，提高了生产效率，推动了社会的进步。尽管司南在精确度等方面有所欠缺，但它是古代人们对自然科学的一次里程碑式的尝试，具有重要的科学意义。

运用机械原理制造的指南工具
——指南车

⊙拾遗钩沉

指南车又被称为司南车，是中国古代用来指示方向的一种机械装置。相传，早在黄帝时代，就已经发明了指南车，当时黄帝就是依靠它在大雾弥漫的战场上指示方向，战胜了蚩尤。

西周初期，南方的越棠氏人，有一次在回国的路上竟然迷路了，后来就是凭借指南车，把他护送回国。指南车利用的是差速齿轮原理，它与指南针利用地磁效应完全不同，它是利用齿轮传动系统，根据车轮的转动，由车上的木人来指示方向。无论车子转向何方，木人的手始终指向南方。

三国马钧所造的指南车除了应用到齿轮传动外，还有自动离合装置，是利用齿轮传动系统和离合装置来指示方向。

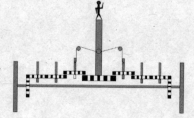

指南车齿轮传动示意图

⊙史实链接

关于指南车的发明，我们还得从5000年前的黄帝大战蚩尤说起。当时，黄帝和蚩尤作战了三年，进行了72次交锋，可是都没有取得胜利。后来在一次大战中，蚩尤看着这场战斗又要失败，就请来了风伯雨师，让他们呼风唤雨，给黄帝军队的进攻造成困难。黄帝看着这种情形，也急忙请来天上的女神，名叫旱的，让她施展法术，制止风雨的干扰，这样才使得军队能够继续前进。

蚩尤诡计多端，他又放出了大雾，雾时四野弥漫，黄帝的军队被大雾迷失了前进的方向。黄帝万分着急，不得不停止军队前进，立即召集大臣们商讨对策。应龙、常先、大鸿、力牧等大臣都到齐了，可是就是不见风后。有人担心

黄帝蚩尤之战

风后是不是被蚩尤给杀害了。黄帝立即命令下属到处寻找，找了很长时间，可还是不见风后的踪影，这时，黄帝只好亲自去找。

黄帝来到战场上，突然发现风后独自一人在战车上睡觉。当时黄帝很生气，并训斥道"什么时候了，你怎么还在这里睡觉？"风后从战车上慢腾腾地坐起来说："我不是在睡觉，我是正在想办法。"接着，他把手指向天上，对黄帝说："你知道为什么天上的北斗星，斗转而柄不转呢？而且伯高在采石炼铜的过程中，也发现了一种磁石，能将铁吸住。我们是否可以根据北斗星的原理，制造一种会指方向的工具，我们有了这种工具就不怕迷失方向了。"

黄帝听了风后的想法觉得很好，并召集众臣商讨，都认为这是一个很好的办法。后来，他们就开始行动，风后负责设计，其他大臣负责制作。经过几天几夜，他们终于造出了一个能指引方向的仪器。风后就把这种仪器安装在战车上，在车上还安装了一个假人，伸手指着南方。打仗时一旦被大雾迷住，他们只要一看指南车上的假人指着什么方向，马上就可辨认出东南西北方向了。

⊙古今评说

指南车是我国古代伟大的发明之一，也是世界上最早的控制论机械之一。指南车是古代一种指示方向的车辆，也是帝王的仪仗车辆。中国古代的指南车"可以说是人类历史上迈向控制论机器的第一步"，是人类"第一架体内稳定机"。中国古人能够掌握如此巧妙的机构设计，实在令我们感到惊叹。指南车的发明，充分体现了中国古代机械制造的高超水平，是中国古代力学在实际应用中的卓越成就。

指南车

中国古代机器人——记里鼓车

⊙拾遗钩沉

记里鼓车是中国古代用于计算道路里程的车，由"记道车"发展而来，是能够自动记载行程的车辆。后来，又增加了行一里路要打一下鼓的装置，所以取名"记里鼓车"。

记里鼓车

西汉初年，我国的古人发明了记里鼓车，外形是一辆车子，车上装设有两个木人以及一鼓一钟，其中一个木人管击鼓，另一个是管敲钟。车上还装有一组减速齿轮，与轮轴相连。车每行驶一里时，控制击鼓木人的中平轮正好转动一周，木人就会击一次鼓；当车行驶10里时，控制敲钟木人的上平轮正好转动一周，这时木人便会敲钟一次。坐在车上的人只要听这钟鼓声，就可知道自己行驶了多少路程。

⊙史实链接

记里鼓车有"记里车"、"司里车"、"大章车"等别名，是指南车的姐妹车，他们都是天子大驾出行时的仪仗车。记里鼓车装饰非常华美富丽，不次于指南车，有关它的文字记载最早见于《晋书·舆服志》："记里鼓车，驾四。形制如司南。其中有木人执槌向鼓，行一里则打一槌。"在晋人崔豹所著的《古今注》中，也曾这样记述。

记里鼓车的基本原理同指南车基本相同，也是利用齿轮机构的差动关系。当年，由张衡制造的记里鼓车，没有留下较多详细的记载，在东汉时期，有关记里鼓车的记载也是很简略，只有零星的字句。直到北宋时期，记里鼓车的制造方法有了更大的改进。我们在史书《宋史·舆服志》中了解到，记里鼓车的外形是独辕双轮，车箱内有立轮、大小平轮、铜旋风轮等装置，记里车行一里路，车上木人击鼓，行十里路，车上木人击钟。记里鼓车的记程是由齿轮系统完成的。

山画像石中的鼓车图

记里鼓车有一套减速齿轮系，始终与车轮同时转动，车行一里时，其中最末一只齿轮轴正好回转一周，车子上的木人受凸轮牵动，由绳索拉起木人右臂击鼓一次，这样来计里程。关于"十里击镯"的记程原理，是这一减速齿轮系的末端齿轮是在车行十里时正好回转一周，因此"十里一击镯"。

我国历史上，第一个在史书中留下姓名的记里鼓车的机械专家是三国时代的马钧。马钧是当时闻名的机械大师，他不仅制造记里鼓车，还改进了织丝绸的绫机，提高了织造速度，并研制了翻车（即龙骨水车）。他还设计并制造了以水力驱动大型歌舞木偶乐队的机械等。

公元417年，刘裕率军打败了晋军，并将缴获的记里鼓车、指南车等运回了建康（今天南京）。到了宋朝，1027年，卢道隆也制成记里鼓车。1107年，吴德仁制成了指南车和记里鼓车。后来，吴德仁又重新设计并制造了一种新的记里鼓车。吴德仁所设计的这种新车是在前人的基础上更加简化，减少了一对用于击镯的齿轮，使记里鼓车向前走一里时，木人同时击鼓击钲。

⊙ **古今评说**

记里鼓车是一种会自动记载行程的车

古代记里鼓车纪念邮票

辆，记里鼓车的原理与现代汽车上的里程表的原理相同。它的外形十分精美，充分展现了当时机械工人技艺的高超水平。记里鼓车的创造是近代里程表、减速器发明的先驱，是科学技术史上的一项重要贡献。记里鼓车是中国古代社会的科学家、发明家研制出的自动机械设备，被机器人专家称为是一种中国古代机器人。

"偏振光天文罗盘"的发明

⊙拾遗钩沉

　　茫茫的大海上，轮船和军舰在航行，潜水艇也在不着边际地水下潜航，如果没有精密而有效的导航仪器，将会在海上发生迷失方向，船毁人亡的悲剧。

　　大自然中，我们会看到蜜蜂经常外出采蜜和回巢，却从来不会迷失方向。这是为什么呢？难道它们有特殊的功能？其实，蜜蜂的眼睛与人的眼睛结构完全不同。蜜蜂头上有一对复眼，每只复眼是由6300个独立的小眼紧密地排列而成的。小眼数目越多，面积越小，感受的光点越密，在视网膜上所形成的图像越清晰。每一个小眼都有一套集光系统和感光系统，而这些小眼对偏振光敏感度很强，有一种特殊的定向功能。它可以测出天空中各个地段的不同亮度。另外，蜜蜂除有一对复眼外，还有三个单眼，与两个复眼形成三角排列，进而感受光度的变化以及光源的方向。蜜蜂借助一对大复眼和三只小单眼，视角几乎

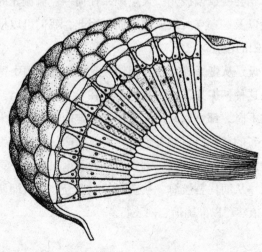

昆虫复眼结构示意图

可以达到360°，可以称得上是全视角的眼睛。这样，蜜蜂就可以随时辨别太阳的方位，从而确定运动的方向，即使是在乌云蔽日的天气，也能根据太阳的方位变化，进行时间校正。所以，蜜蜂不会迷路。

后来，人们也发现，蚂蚁也是利用偏振紫外光来导航的，鲨和水蚤对偏振光也很敏感。科学家对蜜蜂的偏振光导航原理进行了详细研究，从它的眼睛构造中得到了启示，从而制成了"偏振光天文罗盘"，为海上航行的船只提供了一种新的导航工具。

⊙ 史实链接

1809年，著名物理学家马吕斯在做试验时，发现了光的偏振现象。他在研究光的折射中的偏振时，进一步发现光在折射时，只是部分发生偏振。曾经有人提出过光是一种纵波，而纵波是不可能发生这样的偏振的。这个发现，清楚地显示了光的横波性。1811年，布儒斯特在研究光的偏振现象时，还发现了光的偏振现象的经验定律。

偏振光是一种只在某个方向上振动或在某个方向的振动占优势的光。我们知道，太阳光本身不是偏振光，但当它穿过大气层，受到大气分子或其他尘埃等颗粒的散射后，就会变成偏振光。天空中，任何一点偏振光的方向，都垂直于由太阳、观察者以及这一点所组成的平面。因此，我们可以根据天空偏振光的图形，来确定太阳的位置。

偏振光天文罗盘是从蜜蜂等动物利用偏振光定向的本领中得到启发的，应用于航空和航海。这种偏振光天文罗盘的优点在于，即使是乌云遮日，或者在太阳处于地平线以下时，都可以利用天空偏振光定向。无论是太阳尚未升起的黎明，还是乌云密布的黄昏，只要有了这只罗盘，船就不会迷失方向，尤其是在不能使用磁罗盘的高纬度的地区。例如，北极和南极水域，更能突显出偏振光罗盘的优越之处，从而代替航海、航空用的磁罗经。飞机即使在磁罗盘失灵的南、北极上空，依然可以准确地定向飞行。

⊙古今评说

　　光的偏振性使人们对光的传播的规律有了新的认识。偏振光无论是在国防、科研，还是在生产中，都有着广泛的应用。比如，我们看到的立体电影中的偏光眼镜、海防前线用于观望的偏光望远镜、光纤通信系统以及分析化学和工业中用的偏振计和量糖计，都与偏振光有紧密的关系。随着新概念的飞速发展，偏振光会成为研究光学

偏振光的干涉图

晶体、表面物理的重要手段。偏振光天文罗盘就是利用偏振光原理制成的，它的成功研制解决了人们航空、航海时所面临的方向难题，对于导航事业的发展具有重要意义。

天文定位工具——牵星板

⊙拾遗钩沉

　　牵星板是测量星体距水平线高度的仪器，所运用的是古代的天文定位技术——"牵星术"。它的原理相当于现在的六分仪。当时的人们根据牵星板来测定垂向高度和牵绳的长度，这样就可以推算出北极星高度角，它近似于该地的地理纬度。另外，还可以通过牵星板测量星体高度，可以找到船舶在海上的位置。郑和下西洋时，率领的船

郑和的塑像

队在航行中就是采用往返牵星为标记来进行导航的。在今天，虽然航海技术已经很发达了，但是大船队的航行依旧可依靠这种"牵星术"来导航。

　　所谓的牵星术，就是利用天上星宿的位置以及与海平面的角高度来确定航海中船舶所在位置，或者航行方向的方法，所以，它又被称为天文航海术。牵星术最主要的观测对象是北极星和北斗七星，在偏南方的海域，我们很难看到它们，人们就使用那些形状鲜明、易于辩认、占天空面积小、排列比较紧凑的亮星或亮星群。

　　早在秦汉时期，人们就已经开始通过在海上乘船观察北斗星来辨识方向。北宋发明了指南针，人们仍用观看星体位置及其高度，来作为导航的辅助手段。直到大约元明时期，我国天文航海技术有了很大的发展，能够通过观测星的高度来定地理纬度。

⊙史实链接

　　牵星板共有大小不同的12块正方形木板，12块正方形木板最长边长为24厘

米，以下每块边长递减2厘米，在木板上标有一指、二指，直至十二指。另外，还有一块象牙板，也是正方形，不过四角缺刻，缺刻长度分别是最小正方形边长的1/4、1/2、3/4和1/8；上面标有半角、一角、二角、三角，就是说一指等于四角。

过洋牵星板

牵星板是以一条绳贯穿在木板的中心，观察者一手拿着木板，手臂要向前伸直，另一只手保持绳端置于眼前。将下边缘与水平线保持平衡，上边缘与被测的星体重合，眼看天空，木板的上边缘是北极星，下边缘是水平线，这样就可以测出所在地的北极星距水平面的高度。高度高低不同，我们可以用十二块木板和象牙块的四缺刻替换调整使用。推算出北极星的高度后，就可以计算出所在地的地理纬度。

⊙古今评说

中国古代牵星术是古代测量星辰地平高度的一种方法，使用的工具是一套大小不同的牵星板。这是一个非常简单的方法，帮助航海者解决了在茫茫大海上的航行方向问题。以牵星板为代表的我国古代航海天文学在保障远洋航行的安全、准确上起了非常重要的作用。它的出现，也是我国古代人民为世界文化发展作出的又一项卓越贡献。

中国古代航海史的坐标——针碗

⊙拾遗钩沉

早在先秦以前，中国的祖先就发明了最早的导航工具——"司南"，它主要用于风水八卦、天文历法上。一直到宋朝，指南工具以针状出现，并运用到航海上，沈括写道"方家以磁石摩针锋，则能指南"。这是关于"指南针"在世界上最早的的记载。

当阳峪窑针碗及碎片

我国的科学家在河南焦作发现一个当阳峪窑烧制的针碗，这个针碗完全具备宋金时期风格，据历史考证，当阳峪窑在宋金之后基本停烧。因此，我们可以推断出，针碗是宋金时期指南针的实证了。指南针碗对研究古代指南针技术具有重要的历史意义。

⊙史实链接

考古学家曾在河北磁县、江苏丹徒、辽宁大连等地，陆续发掘了"王"字瓷碗。碗口径为17.5厘米，底径为6厘米，高为10厘米，形状为斗笠形，为白瓷碗。碗腹内底画有三个大点，中间有一细划，看起来很像"王"字，碗内底的"王"字形标志则有助于标明方向，碗底外面则写着一个"针"字。该碗品相当完整，端庄大方，古朴自然，显见悠远的历史痕迹，是经国家博物馆有关专家鉴定为元代斗笠形指南针碗，十分珍稀。

王字针碗

据我国科学家考证得出，"王"字代表穿在3枚浮漂上的磁针，这种碗就是航海时指方向的"指南浮针"所用的针碗。它的用法是，在碗内盛水至碗壁圆圈水线处，然后把磁针用三片茶叶或者灯蕊草等较轻能浮之物别住，保持磁针浮在水面上。再把碗套在一个有刻度的罗盘中间，这样就形成了一个针碗罗盘。故宫博物院所藏明代针碗还有在碗内底标出一圈二十四方位名称的，使用时就更便于观察了。

人们在使用时，先将碗内"王"字中的细道与船身中心线对直，如果船身转向，磁针就会和细线形成一个夹角，从而显示出航向转移的角度，人们以此来绘制航线，辨别航向。

南宋咸淳年间（1265～1274年），吴自牧在他的著作《梦梁录》中写道："风雨冥晦时，惟凭针盘而行，乃火长掌之，毫厘不取差误，盖一舟人命所系也。"这里所指的"针盘"，其实就是针碗罗盘。我们可以想象，在千年之前的宋代，在茫茫的大海上，人们就是利用这个小小的瓷碗来实现导航。

针碗一直发展到元代，得到大量的生产和使用，我国河北磁县成为了针碗最大的生产地。我们的考古专家曾在彭城窑址元代堆积层中，发现大量的针碗标本。这些实物足以证明，在元代时期，我国的航海科技在当时有了空前发展。13世纪末，元代的周达观在出使真腊（今柬埔寨）时，在他的《真腊风土记》中也记载到"自温州开洋，行丁未针"。他所说的针，其实是指航线，当时的人们把航线叫作"针路"。人们通过针碗罗盘，把许多针位点连接起来的，并将针位方向记录下来，这就编辑成了一个"罗盘针薄"，也就是航海图，人们航海时的指路"明灯"。

明代是我国古代航海史的巅峰时期，郑和船队7次下西洋，使中国古代航海事业得到了快速发展。郑和的一个随从叫巩珍，他在《西洋番国志》中这样记载："皆斲木为盘，书刻干支之字，浮针於水，指向行舟。""浮针"

随郑和下西洋的随从——巩珍

可能指的就是我们所说的针碗罗盘。由于明代政府的日趋保守和僵化，也使中国航海事业从繁荣鼎盛走向衰落，而针碗的作用，在明的骤然一亮之后，随后又黯淡下来，以至于被世人遗忘。

⊙古今评说

考古专家在对针碗考察研究过程中，发现我们先辈的思维方式有时是我们无法逾越的，惊叹于他们的智慧。在现代人看来，有许多复杂难解的事情，古人却可以轻而易举地完成。长期以来，就是这个小小的针碗，曾经如同大海深处的航标灯，默默地指引我们的先辈们认知外界的路……虽然今天不会被那小小的导航工具所吸引，可是它的出现，不仅对中国古代航海史有重要影响，还对整个社会的科技发展具有巨大推动作用，针碗是中国古代航海史的坐标。

针碗的示意图

简单实用的指南工具——指南鱼和指南龟

⊙拾遗钩沉

指南鱼是中国古代的一种器械，主要用于指示方位和辨别方向。北宋时期，我国的农业、手工业和商业都有了很大的发展，科学技术也取得了辉煌成就，人们在发明辨别方位的工具方面，也有了很大进步。人们又成功创制了一种新的指南工具——指南鱼。指南鱼是用一块薄薄的钢片做成，形状很像一条鱼，所以得名。它有6厘米长、1.7厘米宽，鱼的肚皮部分凹下去一些，又像小船一样，能够浮在水面上。

指南鱼

我们根据一些历史资料了解到，古时候，人们在行军的时候，如果遇到阴天或黑夜，在无法辨明方向的情况下，会让老马在前面带路，或者用指南车和指南鱼来辨别方向。

指南鱼是用钢片做成的，没有磁性，那么它是如何具有磁性，而有指南的作用呢？如果我们想要它指南，还必须给它传磁，使它变成磁铁，具有磁性，这样就可以起到辨别方位的作用。至于怎样人工传磁，古代史书没有详细的记载，但是指出，指南鱼要用"密器收之"，也就是说，人们要给指南鱼传磁，要把它密封在一个盒子里，我们推断，钢片做的指南鱼在盒子里，与磁性物体接触，也会具有磁性。

⊙史实链接

指南鱼的使用要比司南方便得多，它不需要再做一个光滑的铜盘，而是只

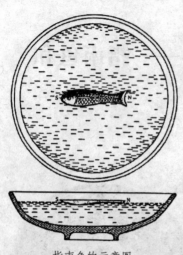

指南鱼的示意图

需要有一碗水就可以了。盛水的碗即使放得不平，也不会影响指南的作用。由于液体的摩擦力比固体小，转动起来会比较灵活，所以它比司南更灵敏，更准确。

我们知道无论是磁化还是未磁化的钢铁，它们的每一个分子都是一根"小磁铁"。没有磁化的钢条，它的分子会毫无次序地排列，这样"小磁铁"的磁性就会互相抵消。而磁化了的钢条，所有的"小磁铁"都整整齐齐地排列着，同性的磁极朝着一个方向，这样整个钢条就具有磁性了。如果拿一块磁铁，紧紧擦着一根没有磁化的钢条，总是从这一头向另一头移动，那么，由于磁铁的吸力，普通钢条中的分子也都顺着一个方向排列起来，这样就可以完成"传磁"的工作。

宋朝，不但有钢片做的指南鱼，还有用木头做的指南鱼和指南龟。我们根据一些史书了解到，在用木头做指南鱼时，首先会选择一块木头，将其刻成鱼的样子，然后在鱼嘴里挖一个洞，拿一条磁铁放在里面，使它的S级朝外，再用蜡封好口，最后，用一根针从鱼口里插进去，这样指南鱼就做好了。把指南鱼放到水面上，鱼嘴里的针就向南方，因此来推断所需辨别的方位。

指南龟也是用木头刻成的，它的磁铁由木龟尾部插入其腹部。指南龟不放在水里，在木龟的腹部下方挖一小穴，然后将木龟安装在竹钉上，让其能够自由旋转，静止时所指的就是南北指向。

指南龟

20

在古代，虽然社会生产力水平还受制约，工具的制造和应用受到影响，但是，人们凭着自己的聪明智慧制造出了属于那个年代的"高科技"，这就是人类的进步，社会的进步。指南鱼与指南龟在制作上，更加简单，而且使用起来更加方便，帮助人们指示方位和辨别方向，是古代一项重要的发明创造。

早期的航海导航工具——水罗盘与旱罗盘

⊙拾遗钩沉

　　早期航海者不仅聪明而且也很勇敢，他们不断地通过伟大的创新来弥补旧时代落后的航海技术。早期的北欧海盗在航行时，船长会比较熟悉海面情况和海中自然物，如鸟类、鱼类、海草、水色、冰原反光、云层、风势等。9世纪时，北欧著名航海家弗勒基，他每当出海时，会在船上装一笼乌鸦，当觉得船即将靠近陆地时，他就会放飞笼中的鸟儿。如果鸟儿在船的周围漫无目的地飞翔，这说明离陆地还很远，不是目的地；如果乌鸦朝某个特定的方向飞去，说明离陆地已经不远了，他就会开船追随鸟飞去的方向，使用这种方法也只能是驶向陆地的方向，而且仅仅在距陆地比较近的情况下才起作用。

　　随着社会发展，人们的技术也在不断地提高。聪明的古人又发明了一种船舶上使用的测向工具，叫罗盘，也就是指南针的雏形。航海罗盘指南针也叫罗盘针，是我国古代发明的利用磁石指极性制成的指南仪器（司南）。它是指南针在船舶上的应用，它与方位盘相配合，用米确定方向、方位。

　　早期船舶上使用指南针时，没有固定的方位盘，后来，出现了磁针和方位盘结合于一体的水罗盘。中国明代水罗盘用八干、十二支、四维卦位名称标出24个方位。水罗盘是航海罗盘中的一种。它是如何使用呢？水罗盘是把磁针放在一个盘子里，而这个盘子中间凹陷处能盛水、边上还标有方向，磁针浮在水上就可以自由地

罗盘针

旋转，静止时两端分别指向南北。这种指南仪器比司南更加灵敏。到了明代，罗盘的各项技术指标已经相当完善。郑和下西洋乘坐的宝船上就装有水罗盘，靠水罗盘指引航向，使郑和船队完成七次下西洋壮举。

在宋代，见于记载较多的是水罗盘。但是也出现了另一种航海罗盘叫旱罗盘。旱罗盘

明代航海水罗盘

是指不采用"水浮法"放置指南针磁针的罗盘，通常是在磁针重心处开一个小孔作为支撑点，下面用轴支撑。

1985年5月，在江西临川县朱济南墓中挖掘了一大批陶俑，其中有一件题名"张仙人"的俑，高为22.2厘米，在它的手里还捧着一件大罗盘，大约为南宋庆元四年（1198年）作品。

不过这个罗盘模型磁针装置方法与宋代的水浮针不同，罗盘在菱形针的中央有一个明显的圆孔，我们可以推测到这是采用轴支承的结构。这件宝贝的出土，从而证明了早在12世纪，我国就已使用旱罗盘确定方位。

南宋"张仙人"俑
手里的旱罗盘

⊙史实链接

有人认为旱罗盘由欧洲人发明，但事实并非如此。宋代时期，我国与阿拉伯的海上贸易比较频繁，中国开往阿拉伯的大型船队就已经是依靠指南针导航，阿拉伯人向我们学习了指南针的用法，并把这项技术带到欧洲。欧洲人早期使用的航海罗盘就与我们中国使用的水罗盘一样，而且制作方法与中国水罗盘也几乎相同。

13世纪前半叶之前，欧洲人一直在仿制中国宋代的指南针。到了13世纪后

半期，欧洲的指南针开始有了新的进展。早期由于中国旱罗盘传入欧洲，法国人将中国的旱罗盘进行了改进，他们将旱罗盘装在一个有玻璃罩的容器中，变得更加方便携带。后来，这种携带方便的指南针被欧洲各国的水手广为应用。

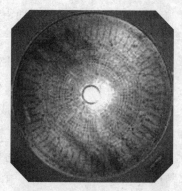

旱罗盘

⊙**古今评说**

宋朝以前，人们航海指引，主要是凭天象、天体识别方向，夜以星星指路，日倚太阳辨向。到了北宋时期，航海技术开始有了重大的突破，已能利用指南针航行。而指南针的应用，最早是在南宋时期发展成罗盘形结构，就是人们所称的水罗盘和旱罗盘。这是人类历史上的伟大成就。罗盘随着精确度不断提高，在航海上应用得越来越广泛，也促进了中外海上交通的发展。罗盘应用于航海，是世界人类文明史上的重大突破，对世界文明文化的发展作出了重大的贡献。

海上"导游"——航海罗盘

⊙拾遗钩沉

随着社会的进步，人类的科技水平也在不断地进步。航海罗盘指南针也被叫作罗盘针，是我国古代发明的一种指南仪器，是利用磁石指极性制成的。

早在战国时期，我们的祖先就已经了解并开始利用磁石的指极性了，他们制成了最早的指南针——司南。史书《韩非子》中就曾讲述到用磁石制成的

东汉思想家——王充

司南。东汉时期的思想家王充，在他所著的《论衡》中也有关于司南的记载。司南是由一把"勺子"和一个"地盘"两部分组成。司南勺是由磁石制成。它的磁南极那头弄成长柄状，地盘是个铜质的方盘，中央有个光滑的圆槽，四周还刻有格线和表示24个方位的文字。当它静止下来时，磁石的指极性使长柄总是指向南方。由于司南必须有地盘的配合，所以后来指南针也叫罗盘针。

天然磁石在制作过程中，经常由于打击受热，这样很容易失磁，磁性也较弱，在当时，司南不能被广泛流传。

⊙史实链接

航海罗盘作为一种指向仪器，我国古代无论是在军事上，还是在生产上、日常生活上、地形测量上，尤其在航海事业上，它都起着非常重要的作用。

我国古代的航海业十分发达。在秦汉时期，同朝鲜等地有了海上往来；到了隋唐五代，这种交往关系更加密切、频繁，同阿拉伯各国之间的贸易关系也发展到了一定程度。等到了宋代，海上交通更是得到了进一步发展。中国的商

船队经常往返于南太平洋和印度洋的航线上。海上交通之所以能够迅速发展和扩大，与航海罗盘的应用是分不开的。

航海罗盘在没有出现之前，我国航海只能依据日月星辰来定位，一旦遇到阴雨天，就无所依凭了。史书《入唐求法巡礼行记》中就这样描述道，在海上遇到阴雨天气的时候，经常会出现混乱而又艰辛的情景：当时，在海船航向无法辨认的情况下，大家七嘴八舌，有的说向北航行，有的说向西北航行，每个人都有各自的判断，可是到底谁说的正确，也无法判断，也不知道离陆地有多远。在众说纷纭时，最好的办法是停船等待天晴。而当航海罗盘用于航海之后，不论是阴天还是晴天，人们都可以辨认航向。

中国航海者使用的航海罗盘

随着航海罗盘在海上航行的不断应用，人们开始对它产生了依赖，而且与日俱增。罗盘由专门人看管，由此可以看出航海罗盘在航海中的地位和作用。到了元代，航海罗盘更是成为海上指航的最重要仪器了，无论是冥晦阴晴，都可以利用航海罗盘来指航。随着人类的进步，人们还会在海上航行时，专门编制出罗盘针路，船航行到什么地方，采用什么针位，一路航线都标识得非常清楚。元代的《海道经》和《大元海运记》中，都有关于罗盘针路的记载。郑和的舰队再下西洋时，沿途航线也都标有罗盘针路，用罗盘针路和牵星术相辅而行。航海罗盘为郑和开辟中国到东非航线提供了可靠的保证。

航海罗盘到现代陀螺航海罗盘，经历了几千年。目前船只上大部分使用的是陀螺航海罗盘。现代陀螺罗盘主要由主罗盘和附属仪器两部分组成。现代陀螺罗盘根据它的尺寸大小、重量、操作简便，可以适用于大、中、小型船舶，具有一定的精确度和可靠性。长期以来，磁罗盘作为测定船舶方位用的的指向仪器，在各类船舶上得到广泛应用。但是随着航海事业和造船技术的发展，钢船代替了木船，特别是大中型船舶和潜水艇的出现，磁罗盘的可靠性和精确度远不能满足要求，这就促使人们寻求新的指向仪器，陀螺罗盘就问世了。随着科技的进步，现在船上也出现了电子陀螺仪，而且使用起来更加方便、快捷、准确。

⊙古今评说

　　航海罗盘在航海上的成功应用，不仅扩大了中国的对外贸易，而且促进了东西方的经济和文化交流，大大加速了世界经济发展的进程，加强了中国的国际政治影响，增进了中国同世界各民族的友谊。

现代的陀螺航海罗盘

太空时代到来之前的六分仪

⊙拾遗钩沉

今天，茫茫大洋上航行的船只需依靠GPS全球卫星定位系统来确定所需的方位，也就是当地的经纬度。在太空时代到来之前，航海家驰骋四海时，他们所依赖的设备，除了罗盘就是六分仪。六分仪的主体结构是一个扇形框架，扇形的弧度是60°，是圆周的1/6。它是由一块固定的半反射玻璃（地平镜）、一块可活动的镜子（指标镜）、望远镜一级活动臂组成，它能够帮助航海者精确测定天体与地平线之间的夹角，进而推算出地理坐标。

1731年，哈德利发明了一种反射象限仪，随后，又很快发展成了六分仪。哈德利曾和哈雷一起研制成功了一种反射望远镜，接着又制造了一种在海上测量角度的仪器。观测者能够借助镜子同时看见地平线和太阳，它们之间的角度可以用边缘标有刻度的象限仪量出来。

1732年，英国海军把象限仪用在艇上作试验，结果非常精确，从那时起，象限仪就成为了海军航行的必备仪器。1757年，坎贝尔船长把象限仪原来90°的弧度又继续扩大到120°，这样象限仪便变成了六分仪，上面有刻度和可以移动的指针，通过利用反射镜将夹角需测量的两物体反射到一起，这样就可以方便地测到角度并计算出该船所处的纬度，以保证船舶沿着正确的航线行驶。

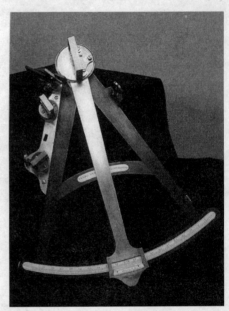

反射象限仪

　　六分仪是用来测量远方两个目标之间夹角的光学仪器。人们通常用它来测量某一时刻太阳或其他天体与海平线或地平线的夹角，这样就能够迅速得知海船或飞机所在位置的经纬度。六分仪具有轻便、可以在摆动着的物体如船舶上观测等优点，不过在阴雨天气里不能使用。虽然在20世纪40年代左右，已经出现了各种无线电定位法，但是六分仪仍在广泛应用。

　　六分仪所利用的原理是光线的入射角等于反射角，这个原理最初由牛顿提出。实际上，六分仪也可以测量任意两物体之间的夹角。测量天体地平高度时，观测者只要拿着六分仪，让望远镜镜筒保持水平，同时从望远镜中观察被测天体经地平镜反射所成的像，还要调节活动臂，使星象落在望远镜中所见的地平线上。这就是地平镜需要用半反射玻璃制造的原因。六分仪的精度比较高，最高能达到10角秒，而且使用起来方便，所以能够迅速取代操作复杂的星盘，成为在海洋上测量地理坐标的利器，同时也帮助航海者解决了海上航线这一难题。1769年，库克船长就是利用六分仪，成功抵达塔希提岛观测金星凌日的。

航海使用的六分仪

一、中国古代辨别方位的工具

⊙古今评说

随着科技的不断进步，人们对定位技术的认识也越来越深，导航的方法也越来越多。古代六分仪的发明与使用，不仅在航海方面发挥了重大作用，而且帮助天文学家编制出高精度星表。同时，星表的编制也促进了航海的发展，还给地理坐标的测量带来了更大进步，为我们今天伟大的科学导航定位系统奠定了基础，是一项伟大的发明创造，充分展现了古人的聪明智慧。以后还先后出现了航空用六分仪以及今天的电子六分仪，更是人类辉煌成就的见证。

航空六分仪

二、磁现象与磁学研究

磁石吸铁现象

⊙拾遗钩沉

磁铁不是人类发明的，是一种天然的磁铁矿。这种石头可以魔术般地吸起小块的铁片，如果在随意摆动后，总是指向同一方向。早期的航海者就是利用这种磁铁，来作为其最早的指南针在海上来辨别方向。指南针是由磁铁做成的。磁铁是可以吸铁的，通常被称为"吸铁石"。在古代，它还被称为"慈石"。因为它一碰到铁就会吸住，像一

磁铁

个慈祥的母亲吸引自己的孩子一样。后来，人们就把它称为"磁石"。我们知道，每块磁铁的两端各有磁极，一端是S极，另一端是N极。我们赖以生存的地球，也是一块天然的大磁体，在南北两头也都有不同的磁极，靠近地理北极的是地磁南极，我们称其为N极，靠近地理南极的是地磁北极，我们称其为S极。

2000多年以前，春秋战国时期，我国已经开始用铁来制造农具。人民在寻找铁矿时，就已经发现了磁铁能够吸铁这种现象。古书《管子》中也曾记载道："上有慈石者，下有铜金。"其实"铜金"就是指一种铁矿。《管子》这部书是著于公元前3世纪，可以看出，中国人应该在公元前3世纪就已经知道磁石能够吸铁了。这是世界上关于磁石的最早记录之一。春秋末年，《山海经》也记载道，有一条河，"西流注于泑泽，其中多磁石"。在那时候，我们的古人就已经知道磁石不仅在山上可以找到，水里也可以发现。

⊙史实链接

秦朝时期，还有一个非常有趣的传说。秦王嬴政在短短的10年间就灭了六国，完成了统一大业。秦始皇在统一中国后，他命令人把各国宫殿的图样摹绘下来，并在都城咸阳的上林苑，修建起来，在那里建造了一个很大的阿房宫，东西宽大约500米、南北长大约150米，这个阿房宫可容纳近万人，辉煌壮丽，气宇非凡。

阿房宫最奇特的地方是有一个北阙门。如果有人想带着铁器去行刺，只要经过这个大门，北阙门就会把这个人牢牢地吸住，使他俯首就擒。这是怎么回事呢？原来，阿房宫的北阙门完全是用磁石建造的，它具有强大的磁性吸力，任何用铁锻造的兵器都难以逾越。由此可见磁石吸铁原理的应用。

磁石最主要的特点是吸铁。我国《吕氏春秋》一书中，就曾最早记载了磁石吸铁的性能："慈石召铁，或引之也。"磁石除了吸铁，是不能吸铜等其他金属的。那么为什么磁石能吸铁呢？古人对其进行了研究。从东汉的王充到明代的刘献廷，由于受到历史条件和认识水平的影响，他们认为这是归结为一种"气"的作用。

磁石具有同性相斥、异性相吸的重要特性。汉武帝时代，胶东有个栾大，他献给汉武帝一种斗棋。这种棋子只要一放到棋盘上，它们就会互相碰击，自动斗起来。汉武帝看了非常惊奇。原来下棋用的棋子，使用磁石及不同的物质制造，所以有磁性，能互相吸引碰击，可以取得使棋子相吸或相斥的效果。

磁石的指极性也是它非常重要的特性，每块磁石的磁性都聚集在两头，中间部分几乎没有磁性；有磁性的两头叫磁极，一头是磁南（S）极，一头是磁北（N）极。我们把一根棒状的磁石用绳系在中间，悬在空中，无论我们怎样摆动，在停下来之后，总会有一头指向南方，一头指向北方。因为我们的地球本身就是块大

磁石

磁石，也有磁性和磁极，由于磁石有同性相斥、异性相吸的特点，所以磁石的磁南极就与地球的地磁北极（南极）相互吸引，总是指向南方。我们的祖先很早就发现了磁石指极性这一奥秘，并将其应用到实际生活中，从而对世界文明作出了重大贡献。

⊙古今评说

中国是磁的故乡。在很早以前，中华民族就认识到了磁现象，磁学是一个历史悠久的研究领域。指南针就利用了磁现象，是中国古代的四大发明之一。磁的发现、发明以及应用，是古人智慧的结晶，是社会的进步，人类的进步，使得中国的磁学位居于世界首位。今天，我们在古人研究的基础上，将磁学应用到了更广泛的空间。

条形磁铁的磁现象

地磁倾角和地磁偏角的发现

⊙ 拾遗钩沉

地磁偏角是指地球南北极连线与地磁南北极连线交叉构成的夹角。我国北宋科学家沈括是最早发现地磁偏角的人。其中，指南针和磁罗盘是测定磁偏角最简单的装置，因此，磁偏角的发现和测定的历史非常悠久。

1702年，英国的一位科学家，发表了第一幅大西洋磁偏角等值线图，并且规定，磁针指北极N向东偏则磁偏角为正，向西偏则磁偏角为负。

宋代科学家——沈括

⊙ 史实链接

我们了解到，磁性物质有磁南S极和磁北N极。当两个磁性物质相遇时，它们就会出现同性相斥，异性相吸的现象。而我们居住的地球，也是一个巨大的天然磁场，它的地磁南极位于地理上的北极点附近，地磁北极位于地理上的南极点附近。当磁针处于静止状态时，磁南极会指向地磁北极方向，而磁北极会指向地磁南极方向。由于地球地理上的南北极点是固定不变的，而它又不与地磁北极和地磁南极位置重合。所以，指南针所指示的方向就会与地理上的正南正北方向存在一定的偏差，这一偏差角度被称为磁偏角。

地磁的北极和地磁的南极位置也会随时间而不断变化。不过，这些显著变化需要经过很漫长的时间，在短时间内，地磁极的方位仍可以认为是基本不变的。中国古人正是因为最早发现了磁偏角现象，才能够正确地判断航向。

磁针的南极与地磁北极永远不会平行，由于地表为球形，在北半球，如果把地表水平面作为参照系，那么磁针总是指向地表水平面的斜上方。而磁针与地表水平面之间的夹角就被称为磁倾角。

北宋时期，我国著名的文学家曾公亮，在《武经总要》中介绍到一种指南鱼的制作方法。人们先将鱼形铁片烧红，此时，在高温下，铁片内部的磁畴分布会杂乱无章。接下来将其放入水中冷却，让铁鱼头、尾分别指向南北方向。这时，在地磁场的作用下，铁片内部的磁畴会沿地磁场方向发生定向排列。随着铁鱼的温度冷却下来，这种定向排列方式被会被固化下来，铁鱼也因此具有了磁性。我们注意到，在本书中提到，入水冷却时要将指北的鱼尾稍微向下倾斜，这说明在北宋时期，中国古人就已经发现了磁倾角现象，并有了实际应

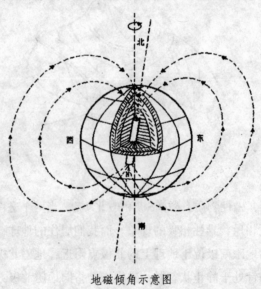

地磁倾角示意图

用。金属指南鱼的制造是世界上最早利用地磁场进行人工磁化的实例。

⊙古今评说

　　我国是最早发现地磁倾角和地磁偏角的国家，从其发现到发明、应用展现了古人的聪明智慧，是中华民族伟大的成就，是世界科技史上的重大突破，为后人磁学的研究奠定了基础。随着社会的进步，我们要在前人的基础上，将磁学研究应用到更广泛的领域，充分展现中华民族的辉煌业绩。

我国古代的指南针理论

⊙拾遗钩沉

指南针是我们用以辨别方位的一种简单仪器，前身是中国古代四大发明之一的司南。它的主要组成部分是在轴上装有一根可以自由转动的磁针，磁针在地磁场的作用下能够保持在磁子午线的切线方向上。而磁针的北极指向是地磁的南极，我们利用这一性能就可以辨别需要判断的方向。指南针更多的是用于航海、大地测量、军事以及旅行等方面。

指南针

指南针是我国劳动人民在长期的实践中，对物体磁性认识的基础上的发明。在生产劳动中，人们接触到了磁铁矿，对磁的性质有了一定的了解。人们首先发现了磁石能吸铁的性质。后来又发现了磁石有指向性。经过多方的实验和研究，终于发明了可以实用的指南针。

我们赖以生存的地球本身是一个大磁体，地磁南极在地理北极附近，而地磁北极在地理南极附近。指南针就是由于在地球的磁场中受磁场力的作用，才会一端指南一端指北。从而，迷失方向的人们利用它来识别方位。

我国指南针的发明，尤其在航海中发挥了不可替代的作用，它已经被广泛利用。那么指南针为何能够指南？指南针理论是什么？

⊙史实链接

指南针的发明不是一蹴而成的，而是经过了漫长的辛勤研究和不断的改进，逐渐发展而制成的。公元前3世纪的战国年代，人们利用天然磁铁矿磨成当时称为"司南"的指南针。随后，还发明了指向南方的"指南车"。到了宋代，我国劳动人民在掌握了制造人工磁体的基础上，又制造了指南鱼。最后经过多次实验和研究，终于发明了极具实用价值的指南针。

天然磁铁矿

虽然我国古代科学家沈括在《梦溪笔谈》中介绍了指南针的人工磁化方法、磁偏角的发现，但是对指南针为什么会指南，并没有提及。宋代的《管氏地理指蒙》中，提出了以下逻辑：

"磁针是铁磨成的，铁属金，按照五行生克说，金又生水，而北方是属水，因此，北方的水是金之子。铁产于磁石，而磁石由于受阳气的孕育而产生，阳气属火，位于南方，因此，南方相当于磁针之母。因为磁针既要眷顾母亲，又要留恋子女，所以它会自然指向南北方向。"

南宋时期，人们认为指南针原理是"指南针之所指，即阳气之所在"，只是围绕磁偏角现象，更多的依据是转向地理方位的坐标系统，中国古人认为我们的地是平的、大小有限，那么地表面一定有个中心，而过该中心的那条子午线就是唯一的南北方向。

明万历年间（1573～1620年），从西方传播过来关于指南针的理论、地球学说以及相关科技知识，中国学者在其影响下，开始从新的视角探讨指南针理论问题。由于新的知识灌入，"阴阳五行"的作用开始逐渐淡化，逐渐增加对力学角度的分析。1600年，西方提出的指南针理论在其本国都没有得到统一，在我们国家也不可能被采用，虽然其理论在中国有一定的影响，但是在科学界仍存在歧义。

现代的电子指南针

随着科技的不断发展，现代电子指南针将要替代旧的针式指南针或罗盘指南针。现代人制作的电子指南针成为如今一个重要的导航工具，甚至在GPS中也会用到。电子指南针采用的是一种固态元件，还可以简单地和其他电子系统接口。

电子指南针具有高灵敏度，使用起来更加方便、准确的特点。因此，在当今社会中被广泛使用。

⊙古今评说

指南针的发明是我国古代人民对磁现象的观察和研究的结果。他们是在对磁现象的观察和研究的过程中，通过进一步了解磁的性质而发明的。我们可以看到，古人的聪明智慧以及善于学习，努力进取的精神。指南针一经问世，很快被普及。指南针很快就被应用到军事、生产、日常生活、地形测量等方面，特别是航海上。随后，这一发明又传到了阿拉伯并传入欧洲，对欧洲的航海业乃至整个人类社会的文明进程，都产生了巨大影响。

信鸽为什么能准确送信

⊙ 拾遗钩沉

在古代，人们进行交流通常采用写信的方式，飞鸽传书。人们把一只信鸽带到千里之外的陌生的地方，它也能找见回家的路。信鸽为什么会有如此独特的功能呢？我们来做个试验，在鸽子的头顶和脖子上绕上几匝线圈，用小电池来提供电源，这样，在鸽子的头部就会产生一个均匀的附加磁场。当电流顺时针方向流动时，在阴天放飞

振翅飞翔中的鸽子

鸽子，它就会向四面八方乱飞，不能准确判断方向。这个试验表明，鸽子是靠地磁导航的。那么鸽子又是如何靠地磁导航的呢？

曾经有人把鸽子看作是电阻1000欧的半导体，它在地球磁场中振翅飞行时，翅膀会切割磁力线，因而在两翅之间会产生感生电动势（即感应电压）。鸽子按照不同的方向飞行，因此，它切割磁力线的方向也不同，从而就可以通过判断产生电动势的大小来辨别方向。但是当晴天放飞时，附加磁场对其飞行并没有影响，这说明地磁并不是它的唯一的罗盘。

⊙ 史实链接

信鸽能够千里飞归老巢，并不是仅仅依靠主观欲望能达到，而是凭借其生理中的某一机能。为了提高信鸽的归巢性能，生物学家和养鸽家对信鸽做了大量的研究，经过各自的实验，他们提出了多种导航论说，其中包括"太阳导航说"、"地磁导航说"、"天体

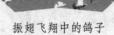
鸽子的归巢性

41

雷达导航说"以及各种感觉导航说。更多的人认为是鸽子体内有一种"罗盘"或"指南针"似的物质。

太阳罗盘导航说

"太阳罗盘导航说"是来自于德国浦来海洋生物研究所的鸟类科学家卡玛，他认为鸽子具有"太阳罗盘"，从而能够见到以太阳为基础的导航罗盘。他认为，地球整日都在不停地转动，鸽子就是通过依靠体内的生物钟能正确校正时间，测量移位和方位角的变化，从而来确定自己的飞行方向和位置。

地磁罗盘导航说

"地磁罗盘导航说"是信鸽导航论说之一。早在1个世纪前，有人提出，鸽子是直接借助地球磁场来导航的，不过在当时缺乏有力的证据。后来，美国纽约州的一位科学家做了一个实验，他们在鸽子头部周围绕上线圈，接通微小无害的电流，这样能够控制鸽子头部周围的磁场。在无阳光的天空中，线圈朝南去向的鸽子会飞向自己的家，而线圈朝北去向的鸽子，就会向着偏离自己家的方向飞去。由此，鸽子在有太阳时，它们会以太阳为罗盘仪，否则会以地球的磁场为罗盘仪。

电离层在磁导航说

支持"电离层在磁导航说"的学者认为，信鸽导航与现代无线电通信原理一样。发射台将信号发射到50千米以外的高空电离层中，接收台会从电离层中接收信号，这样就使通信距离比直接发射200千米提高到2000千米以上。信鸽导航原理也是这样，信鸽产生的无线电信号通过地磁场会削弱，甚至接收不到。

遗传基因导航说

"地磁罗盘导航说"是信鸽导航论说之一。创立这一学说是20世纪三四十年代的一位养鸽者。他认为信鸽导航性能与候鸟一样，是一种生理本能，是由遗传基因决定的。他在饲养天鹅场中发现原是候鸟的天鹅，在人们饲养下，经过几代繁殖后，会改变它们南迁北徙的习性。如果在秋天，把这些天鹅带到离训养场很远的地方，乘野生天鹅群飞过时，将它们放出，这时会发现，它们没有随群南翔，而是北归回到饲养场。因此，他得出结论，候鸟春向北去，秋往南归，是属于生理本能，是千年百代遗传变异的结晶。信鸽经过人工培养后，经过几代繁殖也可以完成。

记忆导航说

"记忆导航说"是我国的信鸽爱好者在总结实践经验的基础上得出的研究成果。信鸽具有超凡的记忆力，每次举行竞赛时，鸽子放飞的路程总是由近到远，训放时，还要求与终点站同一方向进行。赛鸽就是通过观察沿途的地形标志物，将其记在脑海中，凭借这种记忆来判断方向。因此，人们认为信鸽几千里归巢是凭借着它的训飞过的记忆与定向能力而飞归自己老家的。

天体雷达导航说

"天体雷达导航说"也是信鸽导航论说之一。这一学说是通过利用飞机追踪而得知，鸽子在放飞后大多是在刚离开释放地点时，会出现一定的"释放点偏差"。刚开始的"偏差"飞行方向，是沿着一条弧线而逐渐偏离正确的归巢方向，大约偏离程度为25°时，才返回到正确的航向，最终飞回自己的老家。

听觉导航说

美国一位从事鸟类航行本能的研究员，他认为鸽子能觉察低于人的听觉范围的低频率声音，能够辨别出低至0.5周波的声音。而这些声音在地球极其常见，比如，来自山脉的喷射气流、海洋波涛、雷雨以及大自然的其他特征。因此，鸽子可以将它们作为导航物，由于自己对低频率声源的感悟以及对声音释放时的关系位置，能够准确定位，并能够按照不同的和独特的低频率声音来决定路线，准确飞回巢。

视觉导航说

在国际上与我国鸽界，有许多人非常赞成"视觉导航说"，他们认为信鸽能从数千里的异地飞归自己的故居，依靠的就是一双锐利的眼睛来辨认方向。他们甚至还能通过信鸽的眼内虹膜的色彩来判断这羽信鸽是应晴天飞行，阴天飞行，或者是全天候的赛鸽，或者是中远程赛鸽以及超远程赛鸽。在鸽子眼后房内有一块栉状体，能精确察觉移动着的物体。由于鸽眼的肌肉是横

中国国血的远程赛鸽

纹肌，在快速飞行中能够敏捷地把物象聚集在视网膜上。这种精巧而又迅速的调节机能，能在很短的时间内将扁平的"远程眼"调节为"近视眼"，准确地辨别自己所在的方位以及位置，最后决定向哪里飞行。

⊙古今评说

　　飞鸽传书是古人之间联系的一种方法，古代通信不方便，所以聪明的人利用鸽子会飞且飞得比较快、会辨认方向等多方面优点，将信件系在鸽子的脚上然后传递给该收信的人。飞鸽不管是因为什么原因而能够准确判断方向，最终是给人类带来了便利。聪明的古人能够发现飞鸽这种非凡的本领，也是社会的进步，人类的进步。

三、定位导航先驱者

中国科学制图学之父——裴秀

⊙拾遗钩沉

裴秀，字季彦，是魏晋期间河东闻喜（今山西省闻喜县）人，魏文帝黄初四年（224年），出生在一个世代官宦家庭。

中国地图地理学之父——裴秀

裴秀从小就是一个懂事的孩子，爱好学习，很小的时候，在当地就很有名气了，长大后做了官。257年，34岁的裴秀跟随司马昭一起到淮南征讨诸葛诞，在这期间，因为裴秀为其出谋划策有功，被封为鲁阳乡侯，没过多久，又升为尚书仆射。

晋武帝司马炎代魏称帝后，裴秀又先后担任了尚书令和司空（相当于宰相）。他在担任司空时，除了要负责朝廷中的其他政务外，还要负责管理国家的地图和户籍人口。为了职务上的便捷，他必须接触更多的地理和地图知识，不得不对古代地理和地图进行了仔细整理和精心研究。271年4月3日（晋泰始七年三月初七日），裴秀中毒身亡。裴秀虽然一生主要从事政治活动，却是我国历史上一位杰出的地图书学家。

⊙史实链接

我国地理学远在三四千年前的商、周时期，就已经设置了专门掌管全国图书志籍的官吏。一直到春秋战国时期，我国出现了历史上第一部地理学名著，它叫《禹贡》。由于年代久远，到了魏晋期间，《禹贡》中所记载的一些山川地名有了变更。春秋战国时期，地图被广泛用于战争和国家管理，秦汉以后损失严重。裴秀出于政治和军事的需要，决定要制作新图。

　　裴秀详细了解情况后，开始考证古今地名以及山川形势，在此基础上，他又把《禹贡》作为参考，结合当时晋朝时期的"十六州"绘制的大型地图集，自己也绘制了《禹贡地域图》十八篇。《禹贡地域图》图上的古今地名相互对照，不仅是当时最完备、最精详的地图，而且也是最具有价值的地图，因为它采用了科学的绘制方法。

　　裴秀绘制完这本地图集后，把它献给了晋武帝，晋武帝看后，觉得非常

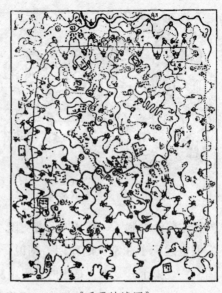

《禹贡地域图》

好，就把它当作重要的文献收藏起来。在这本地图集中，裴秀在图的前面还写了序言，详细地讲述了他绘制该地图所运用的方法。可以看出，这在当时是一篇很有科学价值的珍贵文献，它体现了裴秀在制图理论上的卓越见解。

　　他在此过程中，还创立了"制图六体"理论，该理论系统地总结了前人丰富的绘图经验，这样可以为后人绘制地图工作提供一些规范，也被称为是世界上最早的地图纲要。裴秀提出"制图六体"，被后来的中国地图学者所遵循，如唐代的贾耽和宋代的沈括等都曾在论述中表明，裴秀"六体"是他们绘制地图的规范。"制图六体"内容非常详细，除了今天地图学上所应考虑的主要因素，经纬线和地图投影外，裴秀几乎将所有涉及的问题提出来了。早在1700多年前，裴秀已经认识到用比例尺和方位去进行测量，这在地图发展史上具有非常重要的意义，是一项杰出的成就。

　　"制图六体"其实就是绘制地图时必须遵守的六项原则，即：分率（比例尺）、准望（方位）、道里（距离）、高下（地势起伏）、方邪（倾斜角度）、迂直（河流、道路的曲直），前三条是最主要的普遍的绘图原则；后三条是因地形起伏变化而应该考虑的问题。这六项原则互相联系，互相制约，它

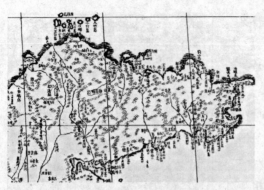

《地形方丈图》中的海内华夷图

把制图学中应该涉及的主要问题都已经概括在内。裴秀的制图六体对后世制图工作的影响是十分深远的。直到明末意大利人所绘制的经纬线世界地图在中国传播以前，我国在地图绘制上，基本都是遵循"制图六体"的原则。

我们根据一些史书了解到，裴秀除了绘制《禹贡地域图》外，还曾经绘制了一幅《地形方丈图》，而且流传了几百年，对后世地图学的发展也起到了非常大的作用。据说，在当时，曾经有人绘制了一幅《天下大图》，规模十分庞大，是当时世界上独一无二的，不过这幅《天下大图》有一个缺点，由于十分庞大，携带、阅览和保存都很不方便。裴秀为了克服这些缺点，就运用"制图六体"的方法，"以一分为十里，一寸为百里"的比例尺把它缩绘成《地形方丈图》，并在上面清清楚楚地标示有名山、大川、城镇、乡村等各种地理要素，为军政管理提供了科学依据。这样，查阅起来就更加方便了。

⊙古今评说

裴秀是中国科学制图学之父，提出的这些制图原则，是绘制平面地图的基本科学理论，第一次明确建立了中国古代地图的绘制理论，为我国的地图学发展做出了巨大贡献的。他所提出的"制图六体"为我国制图学奠定了科学基础，对于中国传统地图学的发展影响极大。在当时，西方学者对裴秀的成就作了高度的评价，他完全可以和古代希腊著名的地图学家托勒密相提并论，在世界地图学史上占有重要地位。

西方地图学家——托勒密

发现磁偏角的第一人——沈括

⊙拾遗钩沉

地磁偏角是指地球南北极连线与地磁北南极连线交叉构成的夹角。我国北宋时期著名的科学家沈括首先发现了地磁偏角。他在《梦溪笔谈》卷二十四中写道："方家以磁石摩针锋，则能指南，然常微偏东，不全南也。"这是我国和世界上关于地磁偏角的最早记载。

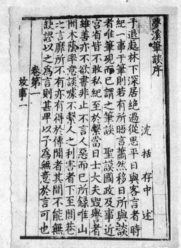

《梦溪笔谈》中的一章

沈括，字存中，生于宋仁宗天圣九年（1031年），浙江钱塘（今浙江杭州市）的一个官僚家庭。沈括是我国北宋时期非常博学多才、成就显著的科学家，是历史上最卓越的科学家之一。他精通天文、数学、物理学、生物学、地理学和医学；他还是卓越的军事家、外交家和政治家。他在晚年时期，编著了《梦溪笔谈》，在这部书中，详细记载了劳动人民在科学技术方面的卓越贡献和他自己的研究成果，展现了北宋时期中国科技的辉煌成就。《梦溪笔谈》不仅是我国古代的学术宝库，而且在世界文化史上也有重要的地位。

⊙史实链接

沈括从小就勤奋好读，在母亲的指导下，14岁时就读完了家中的藏书。后来，他跟随父亲一起行走各地，先后来到过福建泉州、江苏润州（今镇江）、四川简州（今简阳）和京城开封等地，在这个过程中，他有更多的机会接触社会，对人民的生活和生产有所了解，增长了见闻，具有了超人的才智。

铜像雕刻北宋科学家——沈括

沈括24岁时，开始踏上仕途，最初是做海州沭阳县（在今江苏省）主簿，后来，又先后历任东海（在今江苏省）、宁国（在今安徽省）、宛丘（今河南省淮阳县）等地方县令。30岁时考取了进士，担任扬州司理参军，掌管刑讼审讯。

他在27岁时，被推荐到了京师昭文馆编校书籍。从那时起，他就开始研究天文历算。宋神宗熙宁五年（1072年），担任提举司天监，职掌观测天象。利用职务上的便利条件，他有更多的机会阅读皇家藏书，充实自己的学识。

宋哲宗元二年（1087年），沈括花费12年心血，终于编修完成《天下州县图》，亲自到京进呈给朝廷。次年，定居润州（今江苏省镇江东郊）梦溪园，在那里安度自己的晚年。晚年时期，沈括认真总结自己一生的经历和科学活动，写出了闻名中外的科学巨著《梦溪笔谈》和《忘怀录》等。宋哲宗绍圣二年（1095年），沈括不幸逝世。他一生著作了许多种书籍，不过保存到现在的，除了《梦溪笔谈》外，仅有综合性文集《长兴集》和医药著作《良方》等少数几部了。

《梦溪笔谈》是中国科学史上的坐标，是沈括一生社会和科学活动的总结，内容极为丰富。在本书中，他不仅记录了各种指南针的使用方法，而且亲自进行试验，在试验中比较它们的优劣，再进行改进。在利用悬缕法进行测试时，他发现磁针所指并非方位盘上的正南方向，其南端"常微偏东"，这是首次发现并记录了地磁偏角现象，是世界上关于地磁偏角的最早发现。地磁偏角其实是地球南北极连线与地磁北南极连线交叉构成的夹角。1492年，欧洲人在哥伦布海上探险途中，也发现了磁偏角现象，这比沈括的发现要晚400多年。

人们从后来的地磁学中了解到，地磁极是不断变动的，所以地磁偏角会随着时间地点的变化而发生变化，即使在同一地点的地磁偏角大小，也会随着时间的推移而发生改变。沈括应该是经过了长时间观察磁针指南，甚至观察磁针在各个不同的地点上的反应，从而得出各个偏角值大小不一样，多数是偏东的，但是也不完全如此，因此，他在《梦溪笔谈》中记为"常微偏东"。

⊙古今评说

我们知道，磁性物质都有南极和北极，当两个磁性物质相遇时，同性相斥，异性相吸。地球内部是一个巨大的磁场，地磁南极位于地理上的北极点附近，地磁北极位于地理上的南极点附近。当磁针处于静止状态时，磁南极指向地磁北极方向，磁北极指向地磁南极方向。地球地理上的南北极点是固定不变的，但是它又不与地

地磁分布及磁偏角示意图

磁北极和地磁南极重合。因此，指南针的指示方向就会与地理上的南北方向存在一个偏差，而这个偏差角度称为磁偏角。沈括是世界上最早发现地磁偏角的人，在我国历史上占有重要地位。他在《梦溪笔谈》中详细记载了这一成就，为我国此后的磁学研究做出了巨大贡献，也是当时最伟大的成就之一。

"天下之名巧"——马钧

⊙拾遗钧沉

马钧，字德衡，是三国时期魏国扶风（今陕西省兴平县）人，是中国古代的机械大师。他发明了许多机械，对当时生产力的发展起了相当大的积极作用。马钧从小就对机械制造有很浓的兴趣，并在这方面很有天赋，所以，当时的人们称赞他为"天下之名巧"。

马钧的家境很贫寒，虽然如此，这并不影响他对机械的喜爱。他小时候有点口吃，不善于和别人交谈，却很喜欢思索，善于动脑，勤于动手，总是喜欢独自一人研究琢磨。马钧从小生活在农村，特别关心一些生产工具。

马钧因为改进绫机而出名。后来，他在魏朝做官，同时继续研制机械。他一生刻苦钻研设计并制造出了许多机械。魏明帝时，我们了解到的织机五十条经线者有五十蹑（脚踏操纵板），六十条经线者六十蹑，在他的改进下，织机一律改为十二蹑，大大提高了工作效率。在洛阳时，他又发明了排灌水车，人们把它叫作"翻车"。排灌水车是以流水作为动力，能够连续自动提水，操作起来也很方便，大大提高了工作效率。

三国时期的机械发明家马钧

马钧不仅改进了诸葛亮的连弩，还改进了攻城用的发石车。他制造的"水转百戏"是以水为动力，以机械木轮为传动装置，这样木偶就会自动

龙骨水车

52

表演起来，构思十分巧妙。马钧的发明创造还不只这些，他的最大贡献是为人们研制出了辨别方向的指南车。

⊙ 史实链接

指南车是一种辨别方向的工具。很久以前，我们的祖先就已经创造了指南车。据中国古史上传说，在很多年前，黄帝和蚩尤作战，正是因为研制了指南车，才能够依靠指南车来辨别方向，终于打败了蚩尤。又传说3000年前，远方的越裳氏（在今越南）派使臣拜访周朝，可是在回去的路途中，迷失了方向，周公于是制造了指南车以作为指向工具，并赠与了这位使者。

东汉时期，我国伟大的科学家张衡就曾利用纯机械的结构，发明了指南车，不过令我们感到遗憾的是，张衡造指南车的方法无人知晓。

人们对于指南车的了解也只是来自于传说，谁也没见过指南车真正的样子。三国时期，当时，马钧在魏国任给事中官，他对传说中的指南车非常感兴趣，决定要把指南车重新研制出来。朝中一些人了解马钧的想法后，认为根本不可能实现，不相信他能造出指南车。

有一天，在魏明帝面前，一些官员就关于研制指南车的事与马钧展开了激烈的争论。一个官员说道："虽然据说古代有指南车，但是文献不足，不能保证确实存在，不能相信传说。"一个叫秦朗的将军在一旁也随声附和道："古代传说就不应该相信，孔子对三代以上的事，就不大相信，所以不可能有什么指南车。"马钧说："我以为，以前，指南车很可能有过，只是后人没有对它进行仔细钻研。实际上从原理出发，造指南车也不是什么很了不起的事。"秦朗和那个官员在一旁冷

张衡雕像

冷地笑，摇头不已，嘲讽马钧说："你名钧，字德衡，钧是器具的模型，而衡能决定物品的轻重，如果轻重都没有一定的标准，那么就可以作模型吗？"马钧回答道："我们只空口争论，没有什么用处，咱们可以试制一下，结果就会知晓。"

基于这样的情况，明帝命令马钧开始制造指南车。他虽然没有资料，也没有模型，但是他却有一颗刻苦钻研的心，经过反复的实验，没用多长时间，终于研制出了一种运用差动齿轮的构造原理的指南车。

⊙古今评说

事实胜于雄辩，马钧用实际成就向我们证实了，只要有心，没有什么可以难倒我们。他以最终的胜利结束了这一场争论。我们可以看出马钧肯刻苦钻研、敢想、敢说、敢做的精神，这也正是我们中华民族所需要的精神。马钧制成的指南车，在战火纷飞、硝烟弥漫的战场上发挥了巨大作用，受到了满朝大臣的敬佩。从此，这位"天下服其巧也"之人在社会上占据了重要地位，为我国的机械制造做出了巨大贡献，同时，也为导航的发展奠定了基础。

郑和时代的GPS

⊙ 拾遗钩沉

郑和（1371～1433年），原来姓马，是云南昆阳（今昆明市晋宁县）人。他12岁时就入宫，做了小宦官，由于他聪明能干，很有抱负，成为了中国明代著名的航海家、外交家。从1405～1433年，郑和率船队七次远航。他从刘家港（今属江苏太仓）出发，穿越马六甲海峡，横渡印度洋，最远到达非洲东海岸和红海沿岸。1405年（明永乐三年），明成祖命令郑和率领240多艘海船、27000多名士兵和船员，组成一支远航船队，拉开了人类大航海时代的序幕。郑和历时28年七下西洋的壮举，先后访问了在西太平洋和印度洋的许多个国家和地区，加深了中国同东南亚、东非的关系。

郑和下西洋

郑和的七下西洋，创造了世界航海史上的奇迹，顺利完成了史无前例的，极其艰难而又复杂的海上航行。郑和的船队要在浩瀚无边的海洋中航行，仅仅依据观测星辰和指南针是远远不够的，那么在当时，他是怎么导航的呢？

郑和七下西洋，形成了一套非常有效的"过洋牵星"的航海技术。

⊙ 史实链接

郑和下西洋，从而打开了中国通往东南亚的海上交通，树立了中国在海外的威望。郑和的团队在航海中，以航海图中对沿岸和岛屿的牵星记载以及"过洋牵星图"为依据，来识别地理方位，他在此过程中，完全掌握了从某地出发，途经某地，然后利用星座的方位和高度，最后到达某地的技能。

所谓"过洋牵星"，其实是指用牵星板测量所在地的星辰高度，然后计算出该处的地理纬度，这样就可以测定出船只的具体航向。利用牵星板来测定船体所在的纬度，这在当时是一项非常重大的发明，对远洋航海来说，具有非常重要的现实意义和应用价值。

郑和的船队，白天悬挂和挥舞各色旗带，组成相应旗语，使用指南针导航，到了晚上，夜晚以灯笼来反映航行的情况，如果遇到雾天或者下雨，就以配有铜锣、喇叭和螺号来作为通讯联系。他通过观看星斗和水罗盘定向以及查看"过洋牵星图"等方法来保持航向。郑和下西洋的航海技术，主要表现在以下三个方面：

第一，天文航海技术。我国在很早的时候，就已经通过观测日月星辰来测定方位以及船舶的航行位置，郑和船队把航海天文定位与导航罗盘成功地结合在一起，提高了测定船位和航向的精确度。在当时，郑和还采用一种"牵星术"法来观测定位，通过测定天的高度，来判断船舶位置、方向，确定航线，代表了那个时代天文导航的世界先进水平。

第二，地文航海技术。郑和下西洋的地文航海技术，主要是依据海洋科学知识和航海图，运用了航海罗盘、计程仪、测深仪等航海仪器，来保证船舶的航行路线。

郑和航海图

第三，《郑和航海图》是世界上现存最早的航海图集，制图的范围广，内容丰富，还附有"过洋牵星图"。海图中记载了530多个地名，其中包括外域地名有300个，最远的东非海岸有16个，另外，还标有城市、岛屿、滩、礁、山脉和航路等航海标志。"过洋牵星图"包括古里往忽鲁谟斯"过洋牵星图"；锡兰山回苏门答腊"过洋牵星图"；龙涎屿往锡兰山"过洋牵星图"；忽鲁谟斯回古里"过洋牵星图"。虽然只有4幅图，但是我们可以看出郑和船队在远洋航行中，就是将其作为依据，来正确判断船舶位置与方向，准确确定航线等，从而为后世留下了中国最早、最具体、最完备的关于牵星术的记载。

⊙古今评说

郑和的船队不仅到过印度、伊朗等地，还到过东非的索马里。这期间的航海路线极其复杂，通过掌握先进的航海技术，使郑和团队在几次航海中，能够解决判断船舶的地理位置与航行方向，确定船队的航向等一系列问题。我们把那个时代先进的导

郑和下西洋小型张纪念邮票

航技术称为"郑和时代的GPS"。郑和的航海技术是在继承中国古代天体测量方面所取得的成就的基础上，创造性地应用在航海上，从而使中国的天文航海技术在当时达到很高的水平。郑和下西洋展现出的中国先进航海科技，表现了中国古代人的伟大智慧，从而创造了郑和下西洋的伟大壮举。

中国无线电导航事业的创始人之一——温启祥

⊙拾遗钩沉

　　温启祥是我国无线电导航事业的创始人之一。他1909年6月出生于江苏省无锡县，1925年读完中学，1926年进入上海私立南洋高中学习，因为家庭经济贫困，他不得不开始学徒生涯。1927年，他考入南京国民政府南京军事交通技术学校，学习无线电技术，1929年在济南、上海等地商用无线电台做报务工作。在自己的不断努力下，他于1932年考入南京国民政府交通部中国航空公司。

　　毕业后，他从事无线电工作，1936年，温启祥对无线电技术产生了浓厚的兴趣。当时，他一边工作，一边自学，还参加了美国举办的"万国函授学校"学习无线电技术，自己购元器件，试装收音机，钻研发射机技术。有一次，温州航空站的发射机出现了故障，还没有等远在上海的技术员赶到，他就已经根据自己所学的无线电技术知识排除了故障。另外，他还组织研制成功了最早的中长波导航台、微波飞机着陆雷达、军用塔康导航系统等。1950年，他获得全国劳动模范的荣誉称号，为我国的导航技术、系统与设备现代化做出了巨大贡献。

⊙史实链接

　　20世纪40年代初期，温启祥被派往印度加尔各答工作，经常受到外国人的歧视和侮辱，从而进一步激发了他刻苦钻研技术的热情与动力。他每天早起晚睡，利用一切可以利用的时间来学习。从维修到组装，进行实际制作，他一边钻研，一边试验，终于在1943年制作出了第一部750瓦的长波归航机和100瓦的短波发信机，在飞机进场陆空联络上得以实用。

　　他对导航系统也做出了巨大贡献。1957～1961年，温启祥先后三次外出考察与谈判，他深深地感觉到我国无线电导航与通信同国际水平的差距，从那一刻起，他就立志要"独立自主，自力更生，难苦奋斗"，这样才可能赶上时代发展的步伐。

1961年，西安成立了国防部第十研究院第二十研究所。温启祥被任命为副所长兼总工程师。1965年，这个所拥有科技人员800多人，工人900多人，先后建立了航空导航、航海导航、着陆雷达、自动控制、工艺、情报、仪器等8个研究室和一个试制工厂，逐渐开展了我国对飞机着陆雷达系统、卫星导航系统、近程航空无线电导航系统以及中远程航海无线电导航系统等的研究研制工作。

20世纪60年代，国际上的中近程无线电导航系统已经建立了数十个罗兰A地面发射台，但是我国却没有。1965年3月，温启祥积极主张加速建立与发展我国独立的中、远程导航系统，并列入国家计划，把中程系统命名为"长河一号"。我国仅用了一年多的时间就制造出了设备，1966年10月1日，成功地发射出了中国的罗兰A信号。

远程无线电导航系统类似于国外的罗兰C。1965年，我国开始研制和建设，并将其命名为"长河二号"工程，由温启祥担任第一任总设计师。由于"文化大革命"的干扰破坏，使得该研制在起步后不久就被暂停。后来我国吸收国外的先进技术以及自身的创造，终于在1988年建成了我国第一个远程无线电导航系统南海台组，这大大改变了我国远程导航的落后面貌。

为了追赶世界新的导航技术，我国于20世纪60年代后期，在温启祥的策划下，开始投入一部分科技人员从事卫星导航的研究开发工作，从子午仪到全球卫星导航定位系统用户设备，已经有多种型号、多种用途的卫星导航定位仪被投入实用。同时，我国还成功研发了水面与水下等组合导航设备。这些发

远程无线电导航设备

明创造，对20世纪七八十年代先后完成的水下武器发射试验、远程运载火箭试验以及卫星发送与回收等起到了非常重要的作用。

⊙古今评说

温启祥是导航技术的专家，同时也是中国无线电导航事业的创始人之一。他为开拓和发展我国的航空导航、航海导航、卫星导航以及飞机着陆引导诸系统做出了贡献。温启祥在工作上一生勤奋，在生活上朴实无华，对知识不懈追求。他曾经说过："当我们在工作上遇到不懂、不会或不熟悉的时候，不要退缩，要勇于承担，另外，要努力

中国卫星导航示意图

学习，不断学习。只有不断积累知识，难的才会变成易的，易的自然会变成熟悉的。只有勇于进取，才有可能获得成功。"

西安618所冯培德

⊙拾遗钩沉

冯培德是广东省恩平市人，是我国著名的飞行器导航以及制导专家。1957~1963年，他在北京大学力学系学习力学专业，1963~1967年，在南京航空航天大学自动控制系学习陀螺以及惯性导航专业。1967年，他加入航空部618所，曾长期担任航空618所所长，负责航空惯性导航系统国家专项的研制工作。他曾获得国家科技进步特等奖、二等奖以及发明奖等多种奖项，同时也是航空金奖的获得者。

冯培德是我国惯性技术领域的著名专家。从1983年起，他担任了航空惯导系统的学术带头人，负责国家专项研制任务，带领广大科技人员奋斗了十几年，先后研制成功采用挠性惯性器件的563、573平台式惯性导航系统，打破了西方国家的技术封锁，为我们国家填补了在惯性导航技术中的空白。

冯培德在担任所长的17年里，继承了前辈创业者的优良传统，带领广大科技人员大力弘扬自主创新的精神，研制出一系列高性能的惯导产品，不仅满足了部队的装备需要，而且也使我们国家在这一领域走在世界的最前列。

⊙史实链接

在冯培德的眼中，惯性导航是一个机电、光学、计算机等多学科高度综合的专业。我们应全面掌握知识，只依靠在学校学的那点东西是不够，还要学会在实践中学习。在上学期间，冯培德对电路也不熟悉，他就自己动手搭试验电路板，从交流放大器和解调器开始，接着又搭了一块直流运算放大器，无论做什么事，一定要亲自实践。

1967年，冯培德刚被分配到618所，那时候我国的惯性导航专业尚处于起步阶段，然而在国际上，惯性导航已经有了令人瞩目的发展。到了20世纪60年

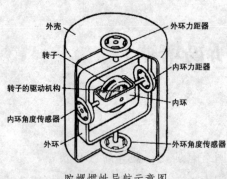

外壳
转子
转子的驱动机构
内环角度传感器
外环

外环力距器
内环力距器
内环
外环角度传感器

陀螺惯性导航示意图

代，国外的惯性导航系统已经作为飞机主导航设备崭露头角。我们国家竟然有如此大的差距，冯培德认为我们必须加大力度发展惯性导航。从那时起，他每天没日没夜地忙于研究工作。我国于1969年正式开始了机载惯导的研制，经过近10年的艰苦努力，1979年终于研制出我国第一套机载523惯导系统。

1995年，国家主要领导人参观了"九五"航空预研展览会，知晓中国航空工业史上第一个从事机载设备研究设计的机构618所已研发出挠性陀螺惯导，非常高兴地对618所成员说："我们就要争这口气！"同时，"争气惯导"也成为激励618所不断探索高新技术的强劲动力。

我国的航空惯导起步比美国要晚20年，在冯培德的主持领导下经过40多年的努力奋斗，已经取得了十分显著的进步，比如，新型激光陀螺捷联系统、光纤陀螺、激光惯导、微固态惯性仪表等相继研制成功。我国还要加快惯性导航技术的研发，相信不久之后，我们赶超的目标一定能实现。

我国生产的激光惯导

⊙**古今评说**

在极端艰苦的条件下，冯培德带领所里全所员工团结一心、艰苦奋斗、勇往直前，先后克服了搬迁资金紧缺等困难，胜利完成了历史性搬迁，为今后618所的快速发展搭建了宽广的舞台。在国家经济体制改革的大潮中，他高瞻远瞩、超前决策，智慧用人，抓紧科技兴所之本，走科研生产一体化之路，从而实现了618所由原先单纯的科研型研究所，走向了科研生产经营型研究所。

冯培德在自己的工作岗位上奋斗了几十年，曾获得国家级有突出贡献专家和全国先进工作者等荣誉称号。他还在捷联式惯导、组合导航、激光陀螺、微机电系统方面做了很多开创性、奠基性的工作，先后培养了数十名硕士、博士生，为我国人才教育做出了重要贡献。

现今的618研究所

中国导航先驱林立仁

⊙拾遗钩沉

林立仁，1913年4月8日出生于印尼坤甸，祖籍是广东潮汕。他17岁以前生活在南洋地区，新加坡是他早期启蒙和最后在南洋的居住地。他从小就受到良好的教育，自幼培养了爱国精神。

1930年，他负笈北上，在他的心中，科技救国是他的梦想。学习了一年的国语口语后，他于1931年顺利考入浙江大学。时值日寇侵占东北，激发了他"科学救国"的决心，努力钻研电机工程。1935年，他的大学生涯结束，毕业于杭州浙江大学电机工程系，成绩优秀。毕业后，他在上海中德合资龙华欧亚航空公司工作。因成绩卓著，被一位德国籍工程师推荐给蒋介石。20世纪40年代，他先后担任国际航空联合专用电台工务主任、中央航空公司工程师，为我国航空事业的发展作出了优异成绩。

年轻时期的林立仁

抗战初期，林立仁被蒋介石派往美国，参与宋子文带领下的七人航空器材接收小组的工作。这些人当中有中国第一代飞机制造先驱王仕倬、国民党空军司令毛帮初以及蒋介石私人飞行驾驶员依复恩等人，林立仁成

两航起义的策划者——周恩来

为其中年纪最轻的一位成员。他们的工作地点是在华盛顿五角大楼内。在此期间他学到了很多先进电信技术，积累了知识，增长了才干。1945年，林立仁在旧金山参加了联合国第一届大会。1949年，他经过对国民党腐败统治事实的反复思考，决定与4000多名中央航空公司、中国航空公司员工一起，从香港带机回到大陆。这个震惊世界的事件，曾经在历史上被称为：由总理周恩来精心策划的"两航起义"。

⊙ 史实链接

20世纪50年代，林立仁是民用航空无线电通信导航设备科技发明创造的翘楚。他的发明创造曾经获得中国重大科技一等发明奖。他在第一届中国科学代表大会上，是被荣幸地请上主席台不多的几位科学家之一。他还是中国电子学会的理事。

新中国成立初期，在不同场合中，他曾多次获得毛泽东和周总理握手接见。百忙之余，他还是清华大学和北航的客座教授，并且应中国教育部的邀请，撰写了著名的导航知识简易读本。在中国民航首届科技成果展览会上，以他为主导的通信导航等技术发明以及航空安全革新项目大约占据了全部展览成果的一半以上。

新中国成立初期，所有西方国家的先进科技对中国保持绝对严密封锁，无法从国外获得经验，我国只能自主发明创造。此时由林立仁担任民航科技研制小组主要业务的领导人，在他的研制思维和事必躬亲的研究设计下，我国先后研制成功一系列无线电通信导航设备，填补了中国科技在民用航空无线电通信导航方面的空白。

当无线电通信导航设备第一次走出中国时，这套设备令英美国家惊叹不已，在当时世界上已为人知的，只有英美和苏联两套完全不同的系统，但现在又有了第三个，而它的优良性能可以同时为已知的两个完全不同的系统服务。自1950年开始直到20世纪60年代中期，林立仁在民用航空导航方面的研究取得了可喜的成绩，战果一个接一个。他为中国民航科技、与世界通航、以及实现"飞出中国"的历史性远大理想立下了汗马功劳。林立仁主持研制成功的"特高频定向仪"以及"安全58—1型仪表着陆设备"，国务院给林立仁记功授奖，并授于他享受首批对国家有突出贡献专家津贴之一。

　　林立仁于1993年1月28日在美国圣地亚哥因病逝世，享年80岁。去世时，连伏在他手臂上守护着他而陷入沉睡的小女儿都没有惊醒。就这样，他轻轻地，带着微笑离我们远去。他的骨灰送回祖国，被安葬于北京八宝山革命公墓。我们一定会铭记这位老人。

⊙古今评说

　　在举世闻名的1972年美国总统尼克松访华时，林立仁发明创造的导航设备，成为历史上第一位美国总统进入中国后的第一个安全保障。从20世纪50～80年代，他为整个中国民航客运、商业、农林业等各类飞机的安全起降，默默地尽到自己的职责。他一生勤勉，都在为祖国的航空事业默默而无悔地奉献着。我们可以看到他对祖国的赤诚之心和他的聪明才智。他没有带走一片人世间的荣耀，但他留给我们的，却是无法估量的对祖国科技事业的期望和一个具有民族良知的老人的故事。林立仁的爱国精神永留人间。

暮年时期的林立仁

四、国外导航设备

亚历山大灯塔是怎样导航的?

⊙拾遗钩沉

灯塔是船舶的航标,一般建在海岸或水滨的岩石高地上。亚历山大灯塔是古代世界七大奇观之一,位于古埃及东北部法洛斯岛东端的一个巨大的岩石上。公元前332年,亚历山大攻克腓尼基的推罗城后,占领了埃及。亚历山大途经地中海附近的一个村庄时,他发现这个

海边的导航灯塔

地方地势平坦,而且交通便利,决定在这里修建一座城市,以他的名字命名。这座城市很快成为埃及经济、文化的繁荣之地,成为整个地中海最重要的一个国际转运港。由于大批船队往来日益增多,因此,需要一座灯塔来引导船只进港。

⊙史实链接

我们根据史书了解到,亚历山大灯塔高135米,由石灰石、花岗岩、白大理石和青铜建成,塔体由石灰石砌成,柱为花岗石,有些部分用大理石和青铜装饰。灯塔由底座和塔身两部分组成。底座呈正方形,每边高约15米,好像是一座矮墙,它将塔围在中央。塔身由上、中、下三层组成,最底层底部是边长为30米的正方形,下层高60米,从底部开始,往上逐渐缩小。底层塔身周围有300多间房子,底层与中层相接的平台四周还安放了一尊青铜铸像,以测风向。灯塔背面竖一面巨大的磨光花岗岩制反光镜,远处的船舶可以根据塔上灯光来

判断航向。因此，亚历山大灯塔被誉为古代世界七大奇观之一。不过，此塔1302年毁于地震。现在在东港湾仅保存的是一座黄色石头堡垒的灯塔遗址。为了让游人观赏凭吊，1966年，人们在离亚历山大城48千米处的阿布-西拉建造了一个缩小尺寸的灯塔复制品。

亚历山大灯塔的复制品

灯塔是如何导航的呢？有些人认为，高大的灯塔本身就是一个航标，灯塔在进入视野后，就表明已经离亚历山大港很近了；也有些人认为，灯塔室内装有一块巨大的磨光的金属镜，又被称为魔镜。白天时，这个魔镜能够将阳光聚集折射到几十千米之外，这样，也可以引起航船注意。当夜幕降临时，在镜前点燃灯火，火光冲天，形同白昼，火光也可以通过特制的金属镜，将信息传达出去，引导航船注意。还有的人认为，灯室内装有透明的水晶石和玻璃镜，它们就和今日的望远镜有一样的作用，极目远眺，向外界发出信号导航。

世界上现存最高的陆上灯塔是日本横滨港附近十角形铁制的"海洋塔"，高106米。在塔高大约百米处，设立了能容纳300人的旋转瞭望厅，可望见东京湾东岸房总半岛和湾外大岛以及富士山。到了傍晚，灯塔会向夜空射出相当于60万支标准烛光的光芒，由东京湾进出太平洋的航船，在30千米外，就能够看到灯塔灯光。

另外，我国古塔中也有许多是导航灯塔，比如，浙江温州江心屿双塔、福建石狮姑嫂塔、广州光塔等，它们都是用于海上导

日本横滨的海洋塔

69

航的。在内陆河流中用于船只导航的古塔更不胜枚数。只是随着社会的发展、技术的提高，这些古塔逐渐失去其灯塔导航的作用，取而代之是各式各样的现代化灯塔。

⊙古今评说

灯塔是一种船舶航行的固定航标，可以引导船舶航行或指示危险区。古希腊著名建筑设计师能采用反光的原理，用镜子把灯光反射到更远的海面上，展现出他们聪明的智慧。灯塔就是古代人们的导航设备，人们将灯塔作为出海航行方向的参照物，它照亮了前进的方向。灯塔是古代导航的一种工具，夜夜灯火通明，兢兢业业地为入港船只导航，确保舵手安全，使他们朝着正确的方向行驶，为他们指明方向，是一座伟大的建筑，是古代人民智慧的象征。

托勒密的欧洲古地图拉开世界帷幕

⊙拾遗钩沉

　　克罗狄斯·托勒密（约90～168年），是古希腊天文学家、地理学家和光学家。他提出了后世著名的《托勒密星表》。在地理方面，他改进了古希腊原有的"地方志"和"地图学"，并且提出了自己的地理学体系，包括总结出的两种地图投影法，绘制了"托勒密地图"，记录当时各主要城市的经纬度等。

　　1492年，哥伦布从西班牙海岸出发，一路西行，寻找遥远的东方，在当时导航技术不发达的年代，他只带着三艘帆船、87名水手以及一本由托勒密编写的《地理学》出发了。这本著作从诞生到那时已经过去1300多年，但对于当时的欧洲人来说，它仍然是"对已知世界地理情况的最佳指南"。这本书汇集了托勒密费尽心思收集的8000多个地方的经纬度坐标，另外还收集绘制了26幅欧洲、亚洲、非洲等地的地图。这就是那个年代导航的工具。

由西班牙出发的哥伦布船队

⊙史实链接

在没有望远镜、电脑或卫星的时代，我们很难想象古希腊人托勒密是如何获得有关世界的信息的。据说，他曾担任亚历山大城图书馆馆长一职。那里被誉为是"人类文明社会的太阳"的地方，他或许就是在那里找到了一些"更古老的地图"作为参考。不过有时候，他喜欢与航海水手聊天，从他们那里也可获取资料。我们很难想象到，当时的技术很局限，他却能绘制出大体正确的地图。

托勒密地图集

2004年，英国牛津郡的一场大火烧毁了大半个沃丁顿庄园，可是收藏在其中的一册托勒密地图集却完好无损。沃丁顿家族为了支付灾后巨额的修缮费用，不得不将这册图集送进苏富比拍卖行。最终，它以213.6万英镑的天价创造了此前有史以来最高的地图拍卖价。

不过，在公元2世纪以前，《地理学》如同许多曾经被时间埋没的巨著一样，并没有引起重视。直到1300多年后，人们开启了探索未知大陆的热情，这册图集开始在欧洲流传。一个走街串巷收集古籍的神父，在罗马都城意外发现了这个无人问津的《地理学》手稿。书中，托勒密向我们详细介绍了如何采用两种方法将球体的地球绘制到平面上，提出投影和比例尺的问题，还明确了地图应该"上北下南"，应根据不同地方绘制不同大小的地图，并且不要忘记以北为指标，里面有托勒密费尽心思地标出的8000多个地方——他所知世界的经纬度坐标。直到今天，这些理论仍然是地形图和世界地图绘制的标杆。由此后人绘制出了一系列的托勒密地图。

托勒密重要的著作有《天文学大成》、《地理学》、《天文集》和《光学》。

⊙**古今评说**

托勒密对这个世界的伟大价值，在于他的开拓意义。在只能凭借自我感知和他人描述的条件下，托勒密的智慧和勇气让我们吃惊。世界上著名地图史学家劳埃德·布朗有这样一个评述："1440～1500年，三件最重要的事就是：活字印刷被介绍到欧洲；托勒密的《地理学》被复制印刷；哥伦布发现新世界。"托勒密的天文成就，在当时，不仅为各个地区的交流提供了方便，无疑也为后世海图的绘制、船只以及港口的定位等起到了极其重要的奠定作用，虽然他不能称得上是航海学方面的专家，但他的贡献仍然是历历可见、不可抹去的。当时的人们就是以它作为导航，周游各地，因此在航海学史上具有重要的意义。

欧洲的导航技术

⊙拾遗钩沉

古代，欧洲船队大多是沿岸航行，进行贸易往来。这样一来，沿海水域交通、业务看起来就很繁忙。位于沿岸海域的航行障碍物非常多，为了帮助船员能够辨认船位、顺畅航行，人们在那里建设了灯塔、航标灯等航路标志。在西班牙的拉科尔纽，至今还留着大约在3000年前建造的灯塔。

15世纪左右，欧洲人使用的测纬度的航海仪器有十字测天仪、雅各棒、金杖等。中世纪后期，出现了比雅各棒先进的十字测角器。观测者需要把竖杆的顶端放到眼前，接着拉动套在竖杆上的横杆（或横板，一般也有好几块），最后使横杆的一端对着太阳，而另一端对着地平线，这样就可以测出太阳的角度。还有一个更先进的观测仪器是星盘。据说，哥伦布航海时，就曾经随身携带了这两种东西来作为

古老的观测仪器——星盘

导航工具。星盘是一个用铜制成的金属圆盘，上面有一小环，是用来悬挂的。另外，在圆盘上，还安装了一个活动指针，能够绕圆盘旋转起来。活动指针两端各有一个小孔。当圆盘垂直悬挂起来时，观测者可以将活动指针慢慢移动。当两端的小孔都能看到阳光（或星光）时，活动指针在圆盘上所指的角度也就是星体（或太阳）的角度。人们通过这样的方式来了解当前的所在位置，并确定方向。随着时代的进步，欧洲的导航科技也在不断发展。

⊙ 史实链接

　　我们知道，人们很早时候就已经开始利用日月星辰等天体现象导航，但是除了这些外，风向也是帮助我们确定航向的重要方向标志。在古希腊，实际上"风"与"方向"是一个同义词。他们把四个主要风向分别叫作东、南、西、北，还标出了另外四个次要风向。雅典至今保留的八角形风塔，建于公元前2世纪，能指出八个风向中每一个风向的生动特征。当时，希腊人就已经知道利用印度洋上的季风来进行航行，希腊的著名航海家希帕路斯，就曾经利用这个季风驾船从红海到达印度沿岸。我国的指南针传入欧洲以前，全欧洲的航海者几乎认为"方向"就是"风向"。

雅典的风塔

　　古希腊之后，到中世纪，欧洲逐渐出现了一种对方向的标注方法，人们把它称为"风向蔷薇"。后期，随着罗盘的发展，又出现了磁罗盘蔷薇，类似于以前的风向蔷薇，标注有16个或32个方向点。起初，罗盘卡是圆形的，上面刻有风向蔷薇图案，平放在桌上，旁边还放有装满水的碟子。另外，还有一根简单的磁针，放在浮于水面的小木片上，航海员根据磁针所指而转动卡片。后来，人们又把磁针放在卡片下，卡片会随指针浮动而转动，通过这样的方式，来显示正确的方向。一直到1250年左右，航海磁罗盘有了飞速的发展，已经能连续测量出所有的水平方向，精确度在3°以内，这是导航时代的伟大进步。

　　位于欧洲西北的沿海大陆架形成的浅海非常宽阔，那么航海家是如何识别方向的呢？航海员们主要通过了解海水深度以及海底情况，来找准航向。他们通常会用铅锤和绳来探测海底的情况，用一块涂有动物油的铅块，放到海底，来测量海底的深度。既使是指南针出现后，西北欧洲的航海员们还是使用这种传统的测量方法。世界上至今仍保存了一本最古老的英国航海指南，其中有介

如今的航海磁罗盘

绍指导英国海员从西班牙返回英国的布里斯托尔的内容，它是这样描述的："当你们离开西班牙时，可以向着东北方向航行。当估计航程已经行驶了2/3时，此时，你们应该向北偏东方向行驶，一直到进入浅水处。当你们测出水深为160～180米时，应继续向北航行，直到水深为130米的淡灰色沙层为止。这就是克利尔角（爱尔兰）和锡利群岛间的海角。接着向北行驶，当测出有淤泥时，最后向东北或东偏北航行，就会到达目的地。"

⊙古今评说

从15世纪末开始，随着航海导航技术的不断发展，欧洲人沿着海洋逐渐向全球不断扩张，从地中海到大西洋。欧洲人的航海知识与航海技术，主要发源于地中海地区，地中海是欧洲文明的摇篮，也是欧洲航海文化的摇篮。欧洲人随着一代又一代的积累，他们的航海技术以及导航技术也有了很大发展，导航技术的发展，也为欧洲的经济发展创造了有利条件，大大改善了人们的生活，同时，也指引人们走向世界。

原始"导航系统"

⊙拾遗钩沉

自从人类成功发射人造卫星后，卫星在导航技术的发展上起到了突破性的作用，人类也从而进入了"卫星导航时代"。不过，我们不要以为导航装置是现代人的发明。英国历史学家在英国南部发现了一套建立于5000年前的原始"导航系统"，令我们感到惊叹，不得不叹服远古先民的智慧。这种原始的"导航系统"依靠的不是卫星和全球定位系统（GPS）终端，而是许多建在山丘或高地上的定位地标。

汤姆·布鲁克斯是英国著名历史学家，他在新创作的《史前英国几何学》中提到，位于英格兰南部和威尔士地方，发现了许多这样的地标。他对其进行了仔细研究，通过分析发现，从诺福克到北威尔士的1500个地标，通常是巨石或山顶城堡等最明显的标志物，而每个地标都在相邻地标的视野范围内。这种原始"导航系统"的工作原理类似于近代地质测量中常用的"三角定位法"。

汤姆·布鲁克斯发现，如果将这些地标排列有序，会组成一系列等腰三角形。每一个三角形拥有两条长度相等的边并指向下一个居住地，每个三角形两条等边的公共顶点位置就是一处古代村落。古代居民依靠这种"导航系统"，无论人们站在威尔特郡巨石阵什么地方，都可以在不借助地图的情况下，前

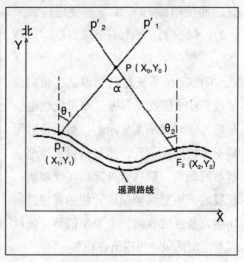

三角定位法示意图

77

往其他地方，就可以随意出行，不用再担心迷路了。

⊙史实链接

原始"导航系统"为古代英国人提供了一种简单的导航方式，他们可以不借助地图就可以准确地从一个地方抵达另一个地方。布鲁克斯把这些定位点标在GPS坐标图中发现，虽然有些三角形边长会超过160千米，但所有地标误差均不超过100米。以这样小的误差来构建这些三角形，可见当时的人们已经掌握了高超的几何学知识。这种几何测量十分先进和复杂。这是当地古代居民的智慧结晶，我们的祖先是技艺精巧的工程师，具有极高想象力和创造力。布鲁克斯还进一步大胆推测到，居住在这里的古代人也许是第一套导航系统的发明者。这个导航系统规模庞大且非常复杂，是工程学的一项巨大突破，它是古代技艺高超并且拥有远见卓识的工匠智慧的结晶。

三角定位法的基本原理是利用两台或者两台以上的探测器，在不同位置探测目标方位，再通过运用三角几何原理，最终确定目标的位置和距离。在实际应用中，最广泛运用在GPS，也就是全球卫星定位技术。还有就是UWB（ultrawideband，超宽带）三角定位技术，使用三角测量法精确算出使用者的位置，而使用UWB技术，会使定位误差在2厘米之内，它优于全球卫星定位技术。

GPS定位系统是利用卫星三角定位原理，GPS接收装置通过测量无线电信号的传输时间来测量距离。然后经过每颗卫星的所在位置，测量每颗卫星至接收器间距离，最后就可算出接收器所在位置之三维空间坐标值。使用者只需利用接收装置接收到三个卫星信号，就可以测定出使用者当前所在位置。

卫星三角定位示意图

⊙古今评说

　　5000年前冰川期结束后，原来的低地和山谷的地方都变成了沼泽，因此，当时的人们不得不到高地重新建立村落，以此来休养生息。因为当时生存环境的恶劣，先民必须不断地探索，而这种原始的"三角形导航系统"就是为当时各定居点之间的商业来往提高服务的，同时，帮助一些去建设新定居点的人们找到回家的路。这种原始的"三角形导航系统"要比古希腊人发明几何学还早2000多年。它至今仍是世界上最大的民用工程之一，也是人类历史上伟大的成就，充分展现了古人的聪明智慧。

纬度的测量

⊙拾遗钩沉

　　早期，由于经济、技术比较落后，给人们的航海出行带来一些困难。但是他们并没有因此而放弃，而是不断地通过伟大的创新来弥补旧时代落后的航海技术，可见航海者的勇敢。

　　航行时，船长都十分熟悉海面和海中的自然物，比如鸟类、鱼类、水流、浮木、海草、水色、冰原反光、云层、风势等，那时航海者在海上时，总是保持在离岸边比较近的距离航行，以避免迷失方向。他们通常是通过看到陆地上的特征来判断航向是否正确。

　　白天航行，晚上就停泊在港内或在海面上。中世纪，沿海商船大多是沿着海岸航行，他们宁愿沿着地中海海岸航行，也不肯通过直布罗陀海峡后，向东直航。总之，没有一个船主敢冒险到望不见陆地的洋面上去。

　　商船为什么不敢穿洋直航，其中有三个原因：第一，怕迷失方向；第二，害怕远洋中的风暴；第三，害怕遭到海盗袭击。但是归根到底，最主要的原因还是由于没有导航工具，怕在航行中迷失方向。

　　随着导航技术的进步，即使存在第二、第三个原因，但船只却敢作穿洋航行了。因此，我们可以看出，在远洋航行中船只的导航方位最重要。

一个水手测量天体定位

　　根据天体定位，航海家使用一种很简单的仪器来测量天体角度，叫作"雅各竿"。观测者用两根竿子在顶端连接起来，保持底下的一根与地平线平行，上面一根对准天体（星星或太阳），这样就能测量出偏角。通过利用偏角差来计算纬度和航程，这种技术被称为"纬度航行"，在测量纬度时比较成功，但确定经度却非常困难。尽管如此，"纬度航行"这种方法在当时的西欧很受欢迎，被普遍采用。

⊙ 史实链接

12世纪，指南针由中国传到国外，后来又被航海家改造成"指北"方向。到1250年，航海磁罗盘已发展到能连续测量出所有的水平方向，但是磁罗盘在国外，并不是很受人喜欢。人们很快发现，他们认为这些针所指的北方经常不准确。因为他们不知道铁针所指的是地磁北极，而并非真正的北方（地理北极）。这在当时无法作出解释，因此，当人们到了一个未知的地方，需要航行时，并不是很相信罗盘的指针，一般的航海水手都不敢使用。到了13世纪的后期，指南针的使用，大大改变了地中海地区的航海形势。

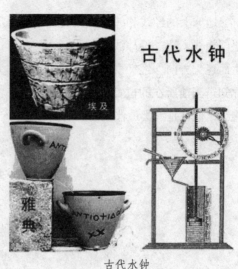

古代水钟

随着科技的进步，一些其他的航海仪器也相继出现。比如测量船体运动速度的"水钟"被使用后，能够计算出航行的距离。15世纪，葡萄牙人在航海技术的提高方面又做了一些新贡献。葡萄牙人在航海活动中面临两个新的难题，其中一个是中部和南部大西洋是一个完全陌生的海域。另一个是向南航行后，天体现象发生了重大变化。因为大西洋洋流和磁场的变化，经常使航海家们判断错方向，面对这样的难题，葡萄牙人决定积极寻找解决问题的办法。

直到16世纪末，英国航海家约翰·戴维斯曾经为了寻找西北航道，途径格陵兰岛、巴芬湾，进行了三次探险航行。约翰·戴维斯发明的象限仪，又叫"竿式投影仪"，是16世纪和17世纪最伟大的航海发明。航海者无需像使用星

81

盘或简单象限仪时所要求的那样看太阳，而是通过将棍棒投射到刻度计影子上，而影子端的位置就表明了太阳的高度，这样纬度就可以计算出来了。这种航海仪器的发明极大地推进了纬度的测量工作，从而为航海者提供了导航工具。

⊙古今评说

地球上的经线和纬线是人类为了地图定位的方便，在地球球体上所作的一些假想线。有了经纬线的发明，人类在出行时会更加方便、安全，不会因为陌生而迷失方向。经纬度的测量，也可以称为是人类航行时的导航工具，它会让你知道当前所在的位置，进而判断接下来要怎么行驶以及前进方向，虽然是假想线，但也是人类最伟大的发明创造。

恒星导航技术

⊙拾遗钩沉

　　我们无论是在茫茫大海上航行，还是在蓝天白云间穿梭，能够时刻正确确认自身所处的位置，是平安到达目的地的基本要求。长期以来，现代海军和空军都面临着一个非常重大的挑战，那就是远距离导航。现在的全球导航卫星系统、全球定位系统，可以让我们毫不担心会迷路。它们今天的成就，是建立在先前时期恒星导航技术基础上的。最早的恒星导航活动需要的是良好的视力，以及关于各个星座的知识和许多的运气成份。

约翰·哈里森

　　很早以前，人类就已经知道如何以太阳或星辰来判断纬度，然而，关于经度的判定，一直是人们所面临的难题之一。因为在由于波浪而剧烈晃动且温度和湿度一直在变化的船上，要保持计时装置的正常运作，是一件非常困难的事情。18世纪中期，约翰·哈里森发明了现代意义上的计时器，这种精确计时仪器的出现，使这一难题得到了解决。他以热补偿型螺旋弹簧作为计时标记，这一计时装置的构思设计，在当今也被广泛应用。

⊙史实链接

　　要想高精度地利用恒星导航，就需要一份精确的星历资料，这份资料以表格形式存在，描述在某一时刻某一颗恒星相对于地球的准确位置。除了星历资

83

料外，恒星导航还需要一个高精确的计时工具和一种能够精确测量恒星和其他天体方位角的设备。所以，我们可以总结为定位的准确程度依赖于星历资料、角度测设备和计时装置的准确性。

轰战机上有一个天体观测窗

军用飞机上使用的第一代恒星导航系统，需要一名经过专门训练、胜任导航工作的导航员，一个六分仪，一份星历资料和一个计时装置。因为飞机在高空飞行，观察时会受到滑流的影响，为了克服这个困难，经过仔细研究和分析，人们在飞机上设计了一个天体观测窗，它是一个半球形的圆顶护罩，材质为透明玻璃，位于导航员的上方位置，可以更方便于星象罗盘的使用，同时，也不会受到滑流的影响。天体观测窗被广泛应用在英国皇家空军的"哈利法克斯"、"兰开斯特"轰炸机，美国的B-17、B-24、B-29重型轰炸机，它们在执行作战任务时，都需要导航来进行长途跋涉，因此，天体观测窗成为了它们机体上一个非常重要的部分。

美国的B-24系列轰炸机上安装有一个A-1微型手持天体照相仪，即使导航员在黑暗中，也能清晰地观看星历资料图表。此外，在B-24系列轰炸机上，还安装了一款MkII型手持星象罗盘，是一种带有方位和赤纬刻度的圆顶护罩水准仪，我们在使用之前，要对其进行校准，这样便可进行角度的测量。导航员就是借助这些设备，来对某一颗恒星进行角度测量。只要知道了两颗或者更多恒星在某一特定时间的准确方位和仰角后，我们就可以根据星历资料对飞机进行准确的定位。

对在这种飞机上忙于工作的导航员来

美国B-24轰战机

说，要想接近并利用天体观测窗进行测量，是一件非常困难的事。随着技术的改进，出现了第一代模拟电子自动星象罗盘，这种模拟电子自动星象罗盘虽然设计复杂并且维护起来较困难，但它实现了用自动化设备对导航员的工作替代。自动天文跟踪器具的优势在于具有非常高的精度，但是它的造价高，对校准的准确性要求也极高，使得卫星导航出现后，这些设备被淘汰了。然而它们并没有完全退出，有的在不断地进行着升级，比如诺斯罗普·格鲁曼公司生产的一个"LN-120G"星际导航系统，它就是一种得到了升级的天文导航系，是全球定位系统（GPS）增强型的恒星惯性导航系统。它可以对恒星进行全时跟踪，而这一惯性导航系统运用了恒星角度定位。

⊙古今评说

进入20世纪90年代以来，GPS全球定位系统在导航领域的地位得到认可，并开放用于民用，从而显示了广泛的应用前景。它的精密定位技术已经广泛地渗透到经济建设和科学技术等许多领域。你们是否知道，它之所以有这么神奇的功能以及发展速度，是源于古代恒星定位导航技术，是在古人的设计、发展基础上逐渐壮大的。古代恒星定位导航技术为今天的全球导航卫星系统、全球定位系统奠定了基础，对世界导航发展具有重要意义。

机械计程仪

⊙拾遗钩沉

最初的计程仪制造得很简陋，只是一块系有绳索的木材，人们把它扔在船首的水面上，随着船行，当它漂到船尾时，人们再把它收起来，根据它经过船身所需的时间，再来计算出船的视速度，进而推算出船什么时候到达目的地。

到了17世纪，船用计程仪得到了普及，也有了一定的发展。专家曾在《实用航海手册》中发现关于计程仪的描述：这是一块三角形的木板，底部是圆形，并灌有铅，如果位于水中，呈垂直状态。在板上还系有一根长达270米的拖线，拖线被分为若干个等份，我们可以检查各等分间的不同记号，也能估算出船速。计量船舶航程的航海仪器，也是推算航迹的基本工具之一。1801年，英国梅西发明了机械计程仪。他是把一种古老的航速估算装置进行标准化后重新设计的。

⊙史实链接

中国三国时代的航海计程，是采用流木法来测船速：在船头把木块投入海中，然后向船尾跑去，木块从船头到达船尾时，测算出航速和航程。16世纪初，荷兰也是用计量流木通过一个船长的时间来核算航速和航程。后来还出现了沙漏计程法，并存在了很长一段时间。这种方法是利用一个14秒或28秒的沙漏计，在木板上系上绳索，在绳索上等距打结，两结之间称为一节。再用14秒沙漏计，两结之间距离确定。观测每14秒内放出的节数，即表示船舶每小时航行的行程。

20世纪30年代初，出现了萨尔式水压计程仪和契尔尼克夫式转轮计程仪。到了50年代，出现电磁计程仪。这些计程仪均系测量船舶相对于水的航速和航程，只是根据水的流速和流向加以修正，方能求得船舶相对于水底的航速和航程。50年代末期，出现了多普勒计程仪，70年代制成的声相关计程仪，在一定水深内可以直接测量船舶相对于水底的航速和航程，使计程仪发展到了一个新的水平。不同类型的计程仪的工作原理和性能也不同。拖曳计程仪是利用相对于船舶航行的水流，使船尾拖带的转子作旋转运动，再通过计程仪绳、联接锤以及平衡轮，在指示器上显示船舶累计航程。拖曳计程仪线性差，如果速度快会使误差增大，受风流因素也影响测速结果，另外，操作起来也不方便。

转轮计程仪是利用相对于船舶航行的水流，通过推动转轮旋转，根据电脉冲或机械断续信号，经电子线路处理后，在指示器显示出航速和航程。这种计程仪线性好，低速灵敏度会很高，但机械部分容易受到磨损，一般应用在小船上。

水压计程仪是利用相对于船舶航行水流的动压力转换为机械力，借助于补偿测量装置，将机械力转换为速度量，最后通过速度，解算装置计算出航程。这种计程仪工作性能较可靠，不过线性差，低速误差大，也不能测后退速度，另外，机械结构复杂，使用起来也不方便，很快就被淘汰了。

电磁计程仪是利用水流（导体）切割装在船底的电磁传感器的磁场，将船舶航行相对于水的运动速度转换为感应电势，最后转换为航速和航程。它的优点是线性好，灵敏度较高，可测后退速度，被广泛使用。

多普勒计程仪是利用发射的声波和接收的水底反射波之间的多普勒频移测量船舶相对于水底的航速和累计航程。这种计程仪的优点是准确性好，灵敏度高，可测纵向和横向速度，缺点是价格昂贵。它主要用于巨型船舶在狭水道航行、进出港、靠离码头时提供船舶纵向和横向运动的精确数据。

声相关计程仪是利用声相关原理测量来自水底同一散射源的回声信息，到达两接收器的时移，以此来解算相对于水底的航速和航程。这种计程仪的优点是可测后退速度。

随着科技的进步，现在船舶上

多普勒计程仪

已经安装上表式计程仪。它是通过利用拖在水中的螺旋叶片的旋转与船速成正比，速度越高，旋转得就越快，转动的圈数也会显示在刻度表盘上，这样就可以方便地测出船的速度，以此来推算航程以及到达目的地的时间。

声相关计程仪

⊙古今评说

在现代社会里，各式各样的导航仪出现在我们的生活中，多用于汽车、飞机、船舶的定位和导航，有时也会用于娱乐。人们所使用的导航仪是高科技的电子产品。可是在不发达的古代，人们要到一个地方，要靠什么来导航呢？两地之间的路程又如何得知呢？虽然古代科技不发达，但是人们的头脑很聪明，他们凭借自己的智慧发明了一种机械仪器，叫计程仪，它是用于测量航速、累计航程，和罗经同为航迹推算的基本仪器，在海图上作业就是根据计程仪读数在航线上量取航行距离。这是属于那个年代最伟大的发明创造，是古人智慧的结晶。

"子午仪"卫星导航系统——世界上第一个卫星导航系统

⊙ 拾遗钩沉

1957年10月，苏联第一颗人造卫星发射成功。在观测卫星运行的过程中，美国物理实验室的科学家发现，卫星运动会引起多普勒频移效应，他们认为可以利用此效应实现卫星导航。于是20世纪60年代，美国的科学家实施了子午仪卫星导航系统的研究工作，并取得了成功。

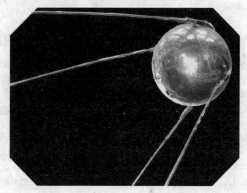

苏联发射的第一个人造卫星

子午仪系统是美国海军的一种全球、全天候卫星导航定位系统，又被称为海军卫星导航系统。1960年4月13日，美国发射了海军卫星导航系统系列的第一颗子午仪卫星，开创了人类导航技术的新纪元。1963年12月，又发射了第一颗实用导航卫星，1964年6月，发射第一颗定型导航卫星，并正式由海军使用。从1967年7月起，子午仪卫星导航系统进入民用领域。从1960年4月到20世纪80年代初，美国共发射30多颗"子午仪"卫星。

⊙ 史实链接

美国是世界上最早研制和应用导航卫星的国家。第一颗实用型导航卫星是由美国军方研制和发射的。"子午仪"卫星导航系统是美国低轨道导航卫星系统，也是美国已经装备部队使用多年的导航卫星系统。

89

子午仪导航卫星

"子午仪"卫星导航系统是由卫星网、地面跟踪站、计算中心、注入站、美国海军天文台和用户接收设备等六部分组成。卫星网的使用轨道面均有四五颗卫星，为近圆极轨道。它可以为核潜艇和各类海面舰船等提供高精度断续的二维定位，用于海上石油勘探和海洋调查定位、陆地用户定位和大地测量等。地面跟踪站共有四个，各自由定向天线跟踪卫星，接收发自卫星的信号，并进行解调、记录，将数据送到计算中心。计算中心再根据各跟踪站送来的数据，计算出每颗卫星在未来16小时内的位置变化，在这个过程中，卫星固定轨道参数和可变轨道参数，会由编码送往注入站。注入站会对接收到的数据进行存储，数据会每12小时注入一次，以替代卫星中原存的数据。美国海军天文台接收卫星同步信号，与世界时比对后，会将时差值分别送入计算中心，使卫星、跟踪站、计算中心、注入站和用户设备的时间同步。子午仪导航卫星轨道参数预报的相对精度优于5米，绝对精度优于10米，导航定位精度一般为20～50米。

"子午仪"卫星导航系统在当时对导航起到了重要作用，但是也有一些不足之处，例如不能连续实行导航，只能提供二维坐标（经度和纬度），它无法测出飞机的高度和速度信息；用户只有等卫星飞经头顶时，才能定位，并且每次定位花费的时间也较长，大约需十几分钟，因而对高速移动物体测量会产生很大误差等。

⊙古今评说

"子午仪"卫星导航系统是世界上诞生的第一个导航系统，采用双频多普勒测速导航体制，具有全天候、全球导航和利用单颗卫星定位的优点，观测者通过测量卫星发射的无线电波的多普勒频移，就可以得知二维精

天文子午仪

确定位数据。它开创了卫星导航的新纪元，使得卫星在导航技术的发展史上起到了突破性的作用，使得人类开始进入卫星导航时代，是人类社会的伟大进步。导航事业的发展，不仅是人类的发展，更是各国社会经济发展的见证。

英国开发新型导航系统

⊙拾遗钩沉

英国最先研发了一种导航系统，这种先进的新定位系统被称作"借助机会信号导航"，是英国航太系统公司高级技术中心的研发产品。该公司的首席科学家曾说："新型导航系统无论在军事界还是非军事界，这一科技的应用潜能将会对世人产生很大影响。"这种新型导航系统价格实惠、抗干扰性强、定位准确率高，误差很小，将会使得国际通用的全球定位系统（GPS）可能面临挑战。

美国的GPS导航技术具有全天候、高精度和自动测量的特点，如今作为先进的测量手段和新的生产力，已经融入到国民经济建设和国防建设中，依靠的是来自于30多颗卫星的信号运转。而"借助机会信号导航"并不是这样。

⊙史实链接

"借助机会信号导航"是通过利用几百个不同的已有信号，便可进行准确定位。这些信号不仅仅局限于GPS以及其他干扰装置发出的信号，还包括无限保真信号、电视信号、无线电信号、手机信号、无线通信发射器信号以及空中交通管制信号。

英国开发新型导航系统的研发公司在媒体中发表声明："这些信号范围广，我们可以广泛利用，这样导航系统可以防止受到外界干扰，因为过量信息干扰和网络伪装都会通过虚假信号，从而导致设备发生导航错误。"

新型导航系统具有识别原先不能识别的信号，定位功能比先前的更加准确可靠。在某些情况下，该系统的设备甚至可以利用来自GPS干扰器的信号帮助导航。"借助机会信号导航"最大的优势是它发挥功效的基础设备已经是现成的了，不用再花费巨额资金搭建发射机网络，并且支持这项系统运行的硬件设

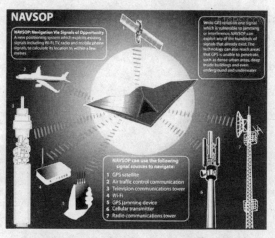

英国新开发的借助机会信号导航系统示意图

施已经在市场销售，因此，这将是一项便捷的开发系统。它还具有另一项特点是可以和已有的定位设备相结合，以此来提升GPS的性能。

"借助机会信号导航"更大的优势在于它可以在一些GPS系统无法工作的地方发挥作用，例如，密集的城区和建筑物的深处。我们可以认为这种新型导航系统可以在火灾场所发挥作用，帮助救火和救护人员在浓烟滚滚的建筑物内认路，提高独立作业人员和安保人员的人身安全系数。不仅如此，"借助机会信号导航"在地下和水下也能发挥它的作用。"借助机会信号导航"即使在世界最偏远的地区，例如北极，应用前景也是存在的。它可以通过接收低轨地球卫星信号和别的民用信号。在军事方面，这种系统的应用潜能也十分广泛，既能帮助士兵在偏远地区展开行动，也可以在敌方企图破坏其制导系统时，为无人驾驶飞机提供更好的安全保障。

⊙古今评说

我们可以看出"借助机会信号导航"可以广泛应用在各个领域，为导航事业带来更大的发展，可是对于该系统投入市场的时间表，我们现在还不能确定，但是专家们相信，它很可能首先运用在GPS系统中，对其进行补充。美国在1973年研发出了GPS系统，打破了以前那些导航系统的种

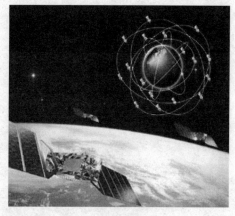

美国GPS系统

局限。不过，一系列新型导航系统的出现，使其在不久的将来将会被取代。如今，随着科学技术和社会的飞速发展，导航技术也将会突飞猛进地发展，对于导航技术的探索，人类将不会停止。

五、现代导航科技

我国的惯性导航

从司南到北斗导航

⊙ 拾遗钩沉

惯性导航的基本原理是航迹推算法，也就是通过测量飞行器的加速度，推算出飞行器的瞬时速度和瞬时位置数据的技术。惯性导航是一种自主式导航系统，组成惯性导航系统的设备都安装在飞行器内，既不依赖于外界信息，也不向外界辐射能量，因此，它不会轻易受到干扰。

1942年，德国的V2火箭就是应用了惯性导航原理，这是闭环导航系统的一个创新。它是利用两台陀螺仪和一台横向加速度表，再外加一台模拟计算机来调整火箭飞行的方位。通过测量数据，模拟计算机发出信号，通过调整外部方向舵来控制火箭的飞行。随后，1958年，国外发明的"舡鱼号"潜艇也是依靠惯性导航在北极冰下航行21天，最终证明了不但可以在火箭、飞机上使用惯性导航，也可以在船舶、潜艇、车辆上使用。

德国的V2火箭

⊙ 史实链接

20世纪40年代，国外已经有了利用惯性导航的应用和发展，而我国在惯导研究方面起步相对较晚。西安618所冯培德是我国研制第一套采用液浮惯性器件航空惯性导航系统的重要人物，该系统研制成功，为我国航空惯导发展奠定了基础。目前，惯导系统的机制已经发展出挠性惯导、光纤惯导、激光惯导、微固态惯性仪表等多种方式，我们可以根据环境和精度的不同，广泛

应用于航空、航天、航海和陆地机动的各个
方面。

惯性导航系统是一种推算导航方式。从一
个已知点位置，根据连续测得的运载体航向角
和速度，进而推算出下一点的位置，因而，我
们可连续测出运动体的当前位置。惯性导航系
统是由惯性测量装置、计算机以及控制显示器

激光惯性组合导航系统

等组成。而惯性测量装置包括加速度计和陀螺仪，又被称为惯性导航组合。惯
性导航系统中的陀螺仪可形成一个导航坐标系，这样可使加速度计的测量轴稳
定在该坐标系中，并指出航向和姿态角；而加速度计是用来测量运动体的加速
度，从而得到速度，再得出距离。

惯性导航可分为平台式和捷联式两大类。它们的主要区别是，前者有实体
的物理平台，陀螺和加速度计位于陀螺稳定的平台上，这个平台主要是负责跟
踪导航坐标系，以实现速度和位置的推算。在捷联式惯导中，陀螺和加速度计
直接固连在载体上，其中的惯性平台功能由计算机完成，所以，又被称为"数

捷联式惯性导航系统

学平台"。惯导有固定的漂移率，这样会引起
物体运动的误差，因此，通常会选择采用指
令、GPS等对惯导进行定时修正，以获取持续准
确的位置参数。

现在，惯性导航系统已经被广泛应用，那
么它具有那些优点呢？

第一，由于它不依赖于任何外部信息，也
不向外部辐射能量，所以，隐蔽性较好而且不受外界电磁干扰；

第二，可全球、全时间地工作于空中、地球表面或者水下；

第三，数据更新率高、短期精度和稳定性好。

惯性导航系统的缺点主要表现在：导航信息是通过积分而产生，定位误差
会随着时间的积累而增大，长期使用精度差；设备的价格也比较昂贵。

⊙古今评说

随着科技的不断发展，我国的惯性导航技术也取得了很大进步，在军民用的各个领域都发挥了重要作用。在历届航展上，我国也展出了多种惯性导航装置，比如，液浮陀螺平台惯性导航系统、动力调谐陀螺四轴平台系统已相继应用于长征系列运载火箭，新型激光陀螺捷联系统已经在新型战机上试飞，光纤陀螺和捷联惯导在舰艇、潜艇航海上应用，以及小型化挠性捷联惯导在各类导弹制导武器上的应用，从中可以看出我国在这方面所取得的一些成就，它们极大地改善了我国军民用装备的性能，反映了惯性导航测量装置在国防和国民经济中的重大作用。

天文导航

⊙ 拾遗钩沉

　　天文导航是利用对自然天体的太阳、月球、行星和恒星等进行测量，从而确定自身位置和航向的导航技术。航空和航天的天文导航都是在航海天文导航的基础上发展起来的。航空天文导航跟踪的天体主要是一些比较亮的恒星。航天天文导航是利用亮度较弱的恒星或其他天体。由于天

射频天文观测仪

体在任一瞬间相对于南北子午线之间的夹角（即天体方位角）是已知的。测量天体相对于导航用户参考基准面的高度角和方位角，通过测量天体相对于飞行器参考面的高度就可以判定飞行器的位置。

　　天文导航可分为星光导航和射电天文导航。星光导航是指利用观测天体的可见光进行导航，而射电天文导航是利用接收天体辐射的射电信号（不可见光）进行导航。因此，星光导航可以解决高精度昼夜全球自动化导航定位，而射电天文导航则可克服阴雨等不良天气影响，通过探测射电信号，进行全天候天文导航与定位。

⊙ 史实链接

　　天文导航系统通常由星体跟踪器、惯性平台、计算机、信息处理电子设备以及标准时间发生器等组成。星体跟踪器是天文导航系统的主要设备。航空常用的天文导航仪器包括星体跟踪器、天文罗盘和六分仪等。其中自动星体跟踪器可以从天空背景中进行搜索、识别和跟踪星体，从而进一步测出跟踪器瞄准线相对于参考坐标系的角度。天文罗盘是通过测量太阳或星体方向来指示飞行

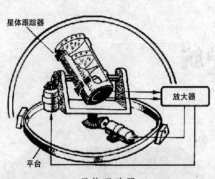

星体跟踪器

平台

星体跟踪器

器的正确航向。而六分仪是通过对恒星或行星的测量，进而指示飞行器的位置和距离。

天文导航系统是一种自主式导航系统，不需要其他地面设备的支持，所以，不会受到人工或自然形成的电磁场的干扰，同时，也不会向外辐射电磁波，隐蔽性好，从而会使定位、定向的精度比较高，得到广泛的应用。天文导航经常与惯性导航、多普勒导航系统等相结合，从而形成组合导航系统。这种组合式导航系统具有很高的导航精度，常用于大型高空远程飞机和战略导弹的导航。在低空飞行时，由于受能见度的限制，一般不采用天文导航，天文导航更适用于高空远程轰炸机、运输机和侦察机，作跨越海洋、通过极地以及沙漠上空的飞行。对于远程弹道导弹，天文导航可以矫正发射点的初始位置和瞄准角误差，很适用于机动发射的导弹。所以，天文导航在航天器上得到更广泛的应用。

1959年，美国第一艘导弹核潜艇上的"11型"天文导航潜望镜，1964年7月，装备在"阿诺德将军号"上的FAST星体跟踪器，天文导航的应用实例不胜枚举。另外，1984年，在麦克级核潜艇上安装的"鳍眼"射电六分仪和光学（天文）跟踪装置，以及1993年法国凯旋级弹道导弹核潜艇上的M92型光电六分仪，都是天文导航的实际应用，标志着天文导航理论和技术有了很大的进步。

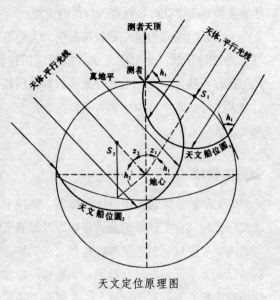

天文定位原理图

天文导航系统对世界导航发展具有重要作用。天文导航以其优越的定向精度高、可靠性好以及稳定性特点，被广泛地应用于各个领域，在军事领域更为突出。从一般的航海六分仪到自动的星体跟踪器，再到潜艇专用的天文导航潜望镜定位系统，甚至到飞机、导弹的天文定位系统，天文导航不仅能够独立地为运载体提供航向、位置信息，而且还可以为航空航天和航海领域对惯导系统的定位误差进行校正，是人类科技的一大进步。

五、现代导航科技

陆标定位技术

⊙拾遗钩沉

陆标是指有准确的陆上位置标志可供目测或雷达观测用以导航或定位，比如，岛屿、灯塔、山头、岬角、立标、显著的建筑物以及其他具有显著的固定物标的统称。陆标定位是指通过观测陆标，依据陆标与运载体之间的关系，来进行定位的方法和过程。陆标定位是利用航海仪器观测外界已知物标位置确定舰位，是一种最常用、最基本的测定舰位方法。

陆标——导航灯塔

陆标定位——三标两角定位

陆标定位包括有方位定位、距离定位、水平角定位、移线定位和联合定位。航海人员需要随时知道舰船的舰位，以此来保证航行安全。陆标定位还应用于军事上，在要求高精度舰位时，要运用到舰位误差理论，还要对需要确定的舰位进行精度评定与分析。

⊙史实链接

很早以前，英国人是利用一个基于石制环形标记的原始"导航系统"，来实现在英国境内的导航旅程。原始的"导航系统"可覆盖英国的南部以及威尔士的大部分地区。"导航系统"是建立在一个相互连接的等腰三角形网络基础上的，每一个等腰三角形指向下一个地点，石制标记彼此之间的距离有可能达到161千米以上。人们不借助地图就可以准确地从一个地方抵达另一个地方。如果利用现在的全球定位系统（GPS）来进行坐标测量，那么原始的"导航系统"的定位精度在100米以内。

而我国古代是采用"看山步"法行驶在海洋途中，船长们会目测船的正前方以及左右两个方向，寻找在陆地上或海面上两点直线相连的固定陆标，再利用"三点一线法"形成横直两条直线，最后利用这两条直线形成"十字交叉法"来确定本船的坐标位置和航线。

陆标定位程序分为选择物标、识别物标、观测物标。我们在选择物标时，该物标要孤立、显著，比如，可以选择灯塔、孤立小岛、显著岬角来作为物标；识别物标时，我们可以根据图景、航用海图以及航路指南来识别；观测物标时，我们可以选择罗经、六分仪、雷达等仪器。

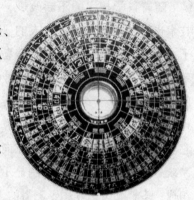

罗经

⊙古今评说

在航海时虽然可以利用船迹推算方法来推算船行驶的当前位置，但是无法掌握船的航向、航程以及风速等因素，这样会使得推算的行驶位置与实际相差很远。这种方法会给人们带来一些困难，但是人们的智慧并不会局限于此，在航海上出现了陆标定位，这是人类伟大的进步。今天，陆标定位不仅应用在军事上，还逐渐运用到其他的领域，在人类导航史上占有重要地位。

多普勒导航雷达

⊙拾遗钩沉

随着科学技术的不断改进，导航技术也有了很大的发展。人们研制出了一套多普勒导航系统。多普勒导航系统是利用多普勒效应实现无线电导航的机载系统。多普勒导航系统的工作原理属于导航方法的航位推算法。它主要由脉冲多普勒雷达、航向姿态系统、导航计算机以及控制显示器等组成。多普勒雷达是用于测得的飞机速度信号与航向姿态系统，进而得出飞机航向、俯仰、滚转信号，将其一起传送给导航计算机，再由导航计算机计算出飞机的地速矢量并对地速进行连续积分等运算，从而得出飞机当时的位置。人们可以利用这个位置信号进行航线等计算，实现对飞机的引导。

脉冲多普勒雷达

多普勒雷达早在1945年就已用于测量速度。1955年，多普勒导航开始应用于军用飞机。到了1962年，一些长距离、跨洋航线上，也采用了这种导航系统。早期的多普勒导航系统是采用电子管式多普勒雷达和机电模拟式导航计算机，后来改装成晶体管式多普勒雷达和数字电子计算机。

随后多普勒导航系统逐渐发展成为一种组合导航系统，如多普勒-惯性导航系统。

20世纪70年代以来，又出现了多普勒导航系统与其他机载电子系统相结合的多功能航空综合系统。当飞机因为风速而偏离航线时，多普勒雷达还可以用于测量偏流角的数值以及对航向进行修正。

⊙ 史实链接

世界上最早应用多普勒效应的是飞机导航的研究，随后，美国研制出第一个多普勒导航系统"AN/APN-66"。后来，欧洲其他国家也相继开展多普勒雷达的研制工作。到了20世纪50年代，研制和生产出多种类型和用途的多普勒导航雷达。一直到20世纪60年代，多普勒

飞机上承载的多普勒导航雷达

导航雷达在理论、技术和应用上走向了成熟阶段。多普勒雷达可以单独使用，也可以与机上的航向系统和导航计算机组合使用，组成自备式多普勒导航系统。多普勒导航雷达已成为主要的机载自备式导航设备之一。

多普勒导航雷达是由发射机、接收机、天线系统、频率跟踪器、偏流角和地速解算器、指示器等部分组成。发射机可以产生稳定的射频振荡；接收机能够接收和放大地面回波信号，分离出含有飞机相对地面运动信息的多普勒频率；天线系统是可以产生多个针状或扇形定向波束，向地面发射电磁波，接收地面回波；频率跟踪器是将接收机输出的多普勒频谱转变成利于测量的单频，对准并跟踪多普勒频谱的中心频率；而偏流角和地速解算器是根据频率跟踪器输出的多普勒频率和陀螺系统输出的俯仰、侧滚数据、计算出偏流角和地速，送至导航计算机进行航位推算；指示器是用来指示飞机的地速和偏流角数据。

多普勒导航雷达测速误差约为0.2%，测偏流角误差约为±0.5°。如果在海面工作时，它的测速误差可

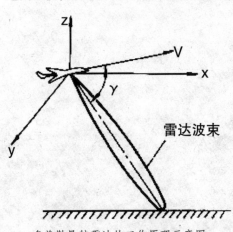

多普勒导航雷达的工作原理示意图

能增加至4%，修正之后仍可达到1%。多普勒导航雷达是机上唯一能精测地速和偏流角的设备，具有一定的抗干扰能力，更适用于俯仰、翻滚幅度不大的飞行器。多普勒导航雷达主要应用于轰炸机、运输机、侦察机以及无人驾驶飞机和直升飞机，另外，还可用于民航飞机。

⊙古今评说

由于航空技术的迅速发展，飞机速度和性能也在不断提高，所以要求机载导航设备能够准确地引导飞机到达目的地或目标，以此完成导航或作战任务。另外，随着电子科学技术的发展，新型元器件的研制成功也促进了雷达技术的发展和更新。多普勒雷达的优点主要表现在：它不需要地面设备来配合工作；也不受地区和气候条件的限制；对于飞机速度和偏流角的测量精度高。缺点是定位误差随时间推移而增加。多普勒雷达是一种体积小、重量轻，并可以制成可靠性高的全固态化设备，这些优点用在飞机等飞行器的导航工作上是极其可贵的，因此，现在许多国家已经研制和生产了多种类型的多普勒雷达，将其广泛应用在各种飞机、导弹和宇宙飞船等飞行器上。

雷达信标

⊙拾遗钩沉

20世纪20年代，无线电测向是航海、航空的一种重要导航手段，受到人们的欢迎，长期被使用。不过，后来由于时代的进步，技术的改进，它成为了一种辅助手段。第二次世界大战期间，无线电导航技术有了飞速发展，出现了双曲线导航系统，雷达也开始作为导航手段，应用在舰船和飞机上，如雷达信标、敌我识别器和询问应答式测距系统等。雷达手段更多地应用在飞机着陆领域。

雷达信标是一种装在飞机或导弹等目标装置上，可以发射电磁信号，并与雷达配合工作的电子设备，也被称作信标机或应答机。信标机的电磁辐射不会受外界信号的干扰和控制；应答机的电磁辐射则会受询问信号的控制。它们与雷达共同构成二次雷达系统。在雷达目标装置上，装设信标机或应答机，可以大大延长一次雷达

雷达信标

的作用距离，并能提高抗干扰能力。信标机或应答机可设置在地面上，也可装载在飞机、导弹或飞船上。

⊙史实链接

我们知道，雷达不仅可以检测目标的方向、距离，而且还能够确定目标的位置、速度和运动方向，并进行目标识别。因此，雷达信标也具有一些特殊的技术性能。它有高灵敏度的接收机，可以保证作用距离和检测概率；适中的应答功率，具体数据随实际应用条件而定，在体积、重量和功耗允许的情况下，

可以提高作用距离和检测概率。信标机或应答机应具备较高的功率；对询问信号有识别能力，尤其在航空管制以及多目标相控阵雷达和制导雷达中。由于具有多个合作目标，应答机可以识别出各自的编码询问信号；为了精密测量飞行器的飞行速度，相干应答机具有较高的长期和短期频率稳定度以及较高的应答波形稳定度；另外，雷达信标体积小、重量轻、功耗小、固态化、集成化。

雷达信标在航空管制、无线电导航、导弹制导、外弹道测量、卫星测轨等方面有着广泛应用。在航空管制领域，雷达信标由机场航空管制雷达向飞机发出编码询问信号，再根据每架飞机的应答编码信号进行识别，从而指挥飞机的安全起降。在导弹指令制导系统中，导弹上的无线电控制仪就是利用雷达信标原理工作的。在工作时，可以为我们提供角度、距离和速度信息的信号，并形成控制导弹飞行的指令信息。另外，在导弹的弹道测量、卫星测轨和航天信息传输等领域中，需要精密的测量，我们可以利用雷达信标，测出目标的准确位置、速度，绘制飞行轨迹。在卫星通信领域，雷达信标可以发挥转发电报、电话和电视图像，为全球用户服务的作用。其中机载询问和地面编码应答会提供精确的位置信息和识别指令，从而帮助地面人员完成支援、供给、投掷和救援任务。不仅如此，在登月活动中，雷达信标也会起到非常重要的作用，人们使用交会雷达，可以测量出登月舱相对于指令舱的距离、角度以及它们间的变化率，进而顺利完成交会测量任务。

卫星雷达接收器

⊙古今评说

在第二次世界大战中，雷达作为重要的科技成果起到了非常重要的作用，战后，又得到了迅速发展，是现代科技领域中必不可少的装备。随着社会发展的需要，雷达在国民经济中的应用越来越广泛。在导航领域，雷达也占据重要地位，其中雷达信标的出现，开启了导航的新旅途，走向新的台阶。伴随着航天技术的发展，雷达导航也有了快速发展，成为飞机、导弹或飞船上必不可少的导航设备。

二战时英国的防空雷达

罗兰C导航

⊙拾遗钩沉

罗兰是远程导航的缩写。我们根据其作用距离和信号体制的不同，可以分为罗兰A、罗兰B、罗兰C和罗兰D。其中罗兰C的应用最为广泛。罗兰C是于20世纪50年代末在成功研制罗兰A的基础上，经过改进并投入使用的远程双曲线导航系统，1974年向民用开放。

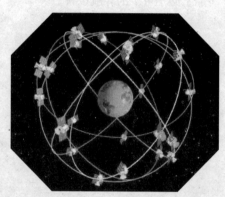

罗兰导航系统

罗兰刚问世时，是当时所有的无线电导航作用距离最远的，人们将它称为远程无线电导航系统。在今天，虽然它已经不是最"远程"的了，但名字仍然沿用。

从1945～1974年，罗兰仅由美国、苏联两个国家掌握，苏联建立了类似于罗兰C的恰卡导航系统，后来，加拿大也加入了美国的罗兰C应用体系。一直到20世纪80年代中期，国际航空史上正式启用罗兰C，随后欧盟也建立了多个罗兰C台链，韩国、中国、印度也相继建了这样的台链。截至目前，全世界共建成了数十多个罗兰C台链。

⊙史实链接

罗兰C是一种陆基、低频、脉冲相位导航体制的中远程精密无线电导航系统。在陆基无线电导航系统中，罗兰C导航的用户是最多的，他们大多是用于航海，有时也用作航空和陆上导航。罗兰C导航采用的是100kHz单一的低频，该频率传播距离远，而且稳定性也好。罗兰C不能确定高度，只能提供二维导航。它是由地面设施、用户设备、传播媒介和应用方法四部分组成的。地面设施包括形成台链的一组发射台、工作区监测站和台链控制中心。用户设备是指各种导航接收机，用户可以利用它们实现接收来自发射台的导航信号，进而得到他们所需的各种定位和导航信息。传播媒介是指无线电导航信号从发射台到用户接收机之间所经过的地球表面以及大气条件，其中包括可能受到的各种自然和人为干扰。而应用方法是指为获取定位信息所采用的几何体制、使用信号形式以及接收机的信号处理技术等。

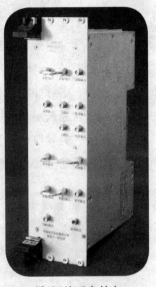

罗兰C地面发射台

罗兰C系统由设在地面的1个主台与2～3个副台合成的台链，通过测定，会得出脉冲信号的时间差和两个脉冲信号中载频的相位差，这样就可获得飞机到主、副台的距离差。实际上距离差保持不变的航迹所形成的是一条双曲线。我们接下来测定飞机对主台和另一副台的距离差，这样就可以得到另一条双曲线。根据两条双曲线的交点可以定出飞机的位置。罗兰C导航系统既测量脉冲的时间差，又测量载频的相位差，所以，它又被称为低频脉相双曲线导航系统。1968年，研制成功的罗兰D导航系统，提高了地面发射台的机动性，是一种军用战术导航系统。

1968年，我国研制成功了类似罗兰A的导航设备，将其称为"长河一号"工程，它覆盖了我国沿海1000千米海域，从北部海域到海南岛共建设了10座导航台，可以昼夜发射导航信号，为我国的军舰导航起到了重要作用。

1987年，我国研制成功的罗兰C台链，称为"长河二号"工程，它采用的是脉冲、相位双曲线定位体制，覆盖了我国沿海全部海域，分别分布于广西、广东以及我国南海、东海、北海，形成了我国独立自主控制使用的远程无线电导航系统。

⊙**古今评说**

随着科学技术的不断进步，罗兰C导航系统也在不断地更新，它的作用距离可达2000千米，定位精度优于300米，成功地解决了周期识别问题。另外，它采用了比相、多脉冲编码和相关检测等技术，已经发展成为陆、海、空常用的一种导航定位系统。罗兰C导航系统的成功研制是世界导航史上最伟大的成就之一，也是人类导航历史上伟大的里程碑。"长河一号"、"长河二号"工程的相继成功，也见证了我国导航技术的发展。

台卡系统

⊙拾遗钩沉

　　台卡定位系统是用于海上近程高精度定位的一种低频双曲线定位系统。台卡导航系统是最早以相位延迟原理进行工作的双曲线导航系统。台卡定位系统主要适用于近海航行的潜艇定位。潜艇与发射台之间保持最佳几何关系时，其定位精度是400米，最大定位误差不大于3.6千米。

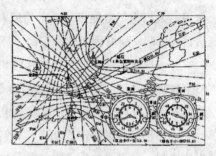

台卡定位导航系统示意图

　　台卡定位系统于1944年面世，在当时，它的作用距离是370千米，定位精度可达15米，在欧洲地区得到了广泛使用。英国及其周围地区业已习惯使用这种技术，为了更长久使用，又做了技术改造。

　　虽然台卡导航系统在当时很受欢迎，但是也有自己的不足之处，它只能在局部起到导航作用，台卡导航系统覆盖区域最远只能在天波强度不超过地波强度的50%之内，无法在更大的范围内使用。台卡导航系统的工作频率在70～130千赫，尤其在夜间，经常受到天波干扰。

⊙史实链接

　　台卡导航系统的台链固定使用一个不辐射的公共基频。台卡导航系统的台链可用63套频率加以区分。台卡接收端同时接收5f、6f、8f和9f信号。台卡计是台卡测量的指示器，有红、绿、紫三个，采用指针度盘方式来显示三组台卡双曲线坐标。

　　台卡导航系统从用户至主台、副台之间的距离差，所形成的轨迹线是一条双曲线，当距离差不同，随之也会产生许多条双曲线，同时，双曲线也是成对的。由于台卡导航系统属于不调制连续波系统，因此，台卡双曲线伴随有相位周期性，在导航领域，台卡导航系统具有多值性。

另外，在使用台卡导航系统的海图上，会印有红、绿、紫三色表示的台卡双曲线。我们看到的两条不同颜色的双曲线的交点就是用户位置。在每条双曲线上，都会标有规定的区、巷以及分巷标记。台卡导航系统的台卡巷具有识别作用，人们为了方便定位，必须采取识别准确巷道的措施。由于技术的改进，从1948年起，所有固定的台卡台链都已设有巷道识别装置。

台卡导航系统的航海常用接收机有MK-12型和MK-21型。MK-12型可接收63个台链信号，而MK-21型已经全部采用了集成电路以及锁相和数字化相位测量技术，这样可以提高识别精度，也便于跨台链定位。

1973年，我国研制成功了"长河三号"。它是采用低频连续波相位双曲线定位体制，在当时共生产固定岸台34、套定位接收机253台。这样可以大大解决海上石油勘探和多次执行高精度重大科学试验任务。

⊙古今评说

随着技术的不断提高，市面上出现了各种各样的导航系统，它们的出现给人们的航行带来了方便，但并不能满足所有的人，不能服务于更广阔的范围，在领域范围内具有一定的局限性。正如台卡导航系统定位一样，它的出现给人类带来了惊喜，但是在惊喜背后也有自己的不足之处，准确度变动范围较大。在白天，几何形状良好的地区和无天波干扰条件下精度可达几十米，可是到了夜间，在天波的干扰下，导航功能会比较差。总之，台卡导航系统也是当时的伟大成就之一，它会被光荣地记录在历史档案中。

塔康导航系统

⊙拾遗钩沉

塔康导航系统是一种供飞机近程导航用的测角测距式无线电导航系统。"塔康"一词来源于英语"TacticalAirNavigation"是战术空中导航系统的简称。20世纪50年代初期，塔康导航系统首次在美军装备上应用，1955年，美国研制成功，后来该导航系统被法国、德国、英国、加拿大、日本、韩国等广泛使用，并发展成为北大西洋公约组织各成员国的标准军用近程导航系统。

塔康导航系统主要是为舰载机提供

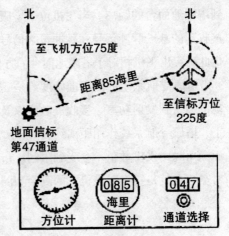

塔康导航系统示意图

从几十千米到几百千米距离范围内的导航服务，从而保障飞机能够按照计划航线飞向目的地。"塔康"是一个极坐标无线电空中导航系统，飞机通过向舰艇信标发出询问信号，进而计算得出机舰间的距离以及通过探测舰艇信标发出的无线电波形，获得飞机相对于舰艇的准确位置。

⊙史实链接

塔康导航系统是由机载塔康设备和地面塔康设备组成，它们相互配合工作。其中机载塔康设备包括无线电收发信机、天线、控制和显示装置等；而地面塔康设备包括无线电收发信机、天线、监测和控制装置等。塔康导航系统独

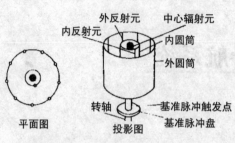

内反射元　外反射元　中心辐射元
内圆筒
外圆筒

平面图　转轴　基准脉冲触发点
投影图　基准脉冲盘

塔康导航系统地面天线结构示意图

特之处在于采用询问应答方式来进行工作，工作原理也就是由机载塔康设备随机发射出询问式脉冲，由地面塔康设备接收，然后发出应答脉冲，机载塔康设备以发出的询问脉冲至收到应答脉冲所经历的时间和无线电波的传播速度作为依据，进而推算出飞机到塔康地面台的距离。当飞机位于塔康地面台的不同方位时，机载塔康设备所接收到的基准脉冲信号和脉冲包络信号就会存在不同的相位关系，我们也可以借此确定出飞机相对于塔康地面台的方位角。

　　塔康导航系统的测距准确度约是±200米，测角准确度为±1°。它的覆盖范围会受到发射功率、接收灵敏度以及超短波视线传播规律的影响，一般情况下，塔康导航系统作用距离约为370千米，同时，还可以容纳100架飞机测距，而测角时，飞机数量不会受到限制。市面上出现的新型塔康导航系统还具有空对空（也就是飞机对飞机）的测距和测角功能。机载塔康设备也有了很大的改

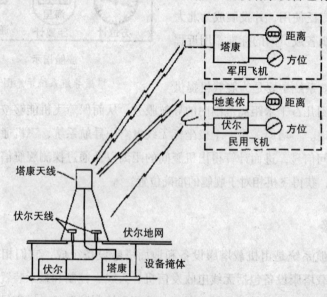

塔康　距离
　　　　方位
军用飞机

地美依　距离
伏尔　方位
民用飞机

塔康天线
伏尔天线
伏尔地网
伏尔　塔康　设备掩体

伏尔塔克导航系统示意图

进，能够保障飞机在塔康导航系统的覆盖范围内沿任意选定的航线飞行，不仅如此，它会显示出偏航以及到达航路点的剩余距离和待飞时间等。

塔康导航系统属于军用设备，但它的测距部分可以作为民用测距器，因而，我们可以将塔康和伏尔系统装在一起，组合成伏尔塔克导航系统。如果用在军用飞机上，则由塔康系统获得距离、方位信号，如果作为民用测距器机，则由伏尔系统获得方位信号，由塔康系统获得距离信号。

⊙古今评说

"塔康"是由舰载台和机载设备组成，飞行员可以从机载系统的距离测量设备上随时了解到飞机相对地面台的距离和方位。塔康导航系统很适合于机场或航空母舰为中心进行作战活动的战术飞机使用。因此，塔康导航系统被称为"战术空中导航系统"。利用塔康导航系统可以保障飞机按计划航线飞向目标，另外，也可使机群的空中集合和会合以及在复杂气象条件下引导飞机归航和进场着陆等。塔康导航系统的成功研制，是科技的伟大进步，为今后的导航技术发展奠定了基础。随着电子科学技术的飞速发展，大规模的导航设备会与人类见面。

奥米加导航系统

⊙拾遗钩沉

奥米加导航系统是一种超远程双曲线无线电导航系统，是以地面为基准、工作在1014千赫频段的无线电双曲线导航系统，也是唯一基本上能覆盖全球的导航系统。奥米加导航系统的作用距离可达1万多千米，只要设置八个地面台，它的工作区域就能够覆盖全球。

奥米加导航系统

1972年，美国在北达科他州建立了世界上第一个奥米加正式导航台；1982年，在澳大利亚伍德赛德建成最后一个导航台，共八个台，这样就可以实现覆盖全球的梦想。这八个奥米加导航台分别建在不同的国家，包括美国的夏威夷和北达科他州，以及挪威、利比里亚、留尼汪岛、阿根廷、澳大利亚和日本，因此，要由多个国家来管理。我国也曾进行过研究和试验，但是经过仔细论证后，认为没有必要发展而停止了这项工作。

⊙史实链接

奥米加导航系统没有主台和副台之分。每台都是由四个铯钟组成的钟阵，以此作为频率基准，同步在统一的美国海军天文台标准频率上。全系统共有四个导航频率，其中导航基本频率是10.2千赫，而其他三个辅助导航频率分别是13.6、11和11.05千赫。另外，每个台还发送它们各自的识别频率，按规定的程序发射导航电磁波。

奥米加导航系统采用的是时分工作体制。它会在10秒周期内轮流发射信号，而每个周期又被分为八个节段，在同一节段内，每个台的发射信号频率也不同。它的接收机用机内振荡器产生的基准信号来测量，内部

铯钟

振荡器可存储相位信息，使不同台的相对相位互比输出是以百分周表示的相位差，可以在记录器上连续记录。奥米加台交错发射信号发射时间长短不一，一般为0.9~1.2秒，而发射休止时间为0.2秒。

奥米加导航系统的准确度决定在甚低频信号、甚长传播路径上的相位稳定性和预测准确性。因为甚低频传播模式是天波传播模式，受电离层变动影响很大，这样会导致相速不稳定，产生昼夜和季节变化。除此之外，受电离干扰和极冕吸收会引起很大的误差。奥米加导航系统在全球共设有40个监测台，以此长期收集数据，供产生传播修正模型。不仅如此，奥米加导航系统发射的电磁波，还有入水能力，不过深度仅为约10米。

奥米加导航系统由机上接收装置、显示器和地面发射台组成。飞行器一般可接收到五个来自地面台发射的连续电磁波信号。电波的行程差和相位差有确定的关系，通过测定两个台发射的信号的相位差，就可以得到飞行器到两个地面台的距离差。恒定距离差的点的轨迹是一条以这两个地面台为焦点的双曲线，同样，在另一对地面台也会得到另一条双曲线。我们根据这两条双曲线的交点就可判断出飞行器的位置。因为连续电磁波是周期性的相位差也作周期性变化，因而我们无法根据相位差单值来确定距离差。在实际工作时，从接收机得到的是巷道的计数，可以通过特制的导航图，把奥米加巷道数字转换成以经纬度为单位的地理坐标位置。导航员发现了一个重大的秘密，在太阳活动高年阶段的白天很难应用罗兰远程导航系统，而奥米加导航系统却在太阳活动低年几乎没有问题。

⊙古今评说

无线电导航是所有导航手段中重要的一种，奥米加导航系统就是无线电导航中应用最广泛的，由于电磁波的传播特性，发展迅速，已经有许多系统被投入使用，而且由原来的陆基发展到星基，由单一功能发展到多功能，作用距离也由近及远并发展至全球定位，精度也由粗到精。奥米加导航系统应用领域由军事领域逐步步入国民经济。随着电子科学技术的飞速发展，导航设备实现了数字化、全自动化多功能导航。这是时代的进步，人类的进步。在不久的将来，导航事业将会有新的奇迹出现。

仪表着陆系统

⊙拾遗钩沉

仪表着陆系统又被称为仪器降落系统，是目前应用最为广泛的，主要应用于飞机精密进近和着陆引导系统。仪表着陆系统的作用是由来自地面发射的两束无线电信号实现航向道和下滑道指引，从而建立一条由跑道指向空中的虚拟路径，飞机可以通过机载接收设备，来确定自身与该路径的相对位置，从而使飞机沿正确方向飞向跑道，并平稳下降，最终实现安全着陆。一个完整的仪表着陆系统包括方向引导、距离参考和目视参考系统。

仪器着陆系统布置示意图

仪表着陆系统是在低能见度的仪表气象条件下，也可以正常运行的，通过使用无线电信号以及高强度灯光阵列，来为飞机的安全进近降落，提供更为精密的引导。仪表着陆系统必须保持一定的精确度，因此，飞行校验组织每隔一断时间会使用特别改装的飞机，对一些关键性参数进行校准和验证。

⊙史实链接

盲降是仪表着陆系统ILS的俗称。因为仪表着陆系统可以在低天气标准或飞行员看不到任何目视参考的天气下，为飞机安全进近着陆引导方向，所以人们通常将仪表着陆系统称为盲降。仪表着陆系统是飞机进近和着陆引导的国际标准系统。全世界的仪表着陆系统采用的是ICAO（国际民航组织）的技术性能要

大雾天气下，安全盲降的民航飞机

求，因此，只要配备盲降的飞机，在全世界任何装有盲降设备的机场，都可以实现统一的技术服务。

仪表着陆系统通常由一个甚高频航向信标台、一个特高频下滑信标台和几个甚高频指点标组成。航向信标台会给出与跑道中心线对准的航向面，下滑信标会给出仰角的下滑面，而这两个面的交线就是仪表着陆系统给出的飞机进近着陆的准确路线。从而我们可以确定飞机安全着陆的方向、位置。飞机从建立盲降到最后着陆阶段，如果出现飞机低于盲降提供的下滑线，那么盲降系统就会发出警告。

在天气恶劣、能见度低的情况下，盲降会发挥它的作用，它能够在飞行员肉眼很难发现跑道或标志时，为飞机提供一个可靠的进近着陆通道，以便让飞行员掌握位置、方位、下降高度，从而安全着陆。根据盲降的精密度，盲降为飞机提供的进近着陆标准也不一样，因此，盲降可分为Ⅰ、Ⅱ和Ⅲ类天气标准。

Ⅰ类盲降的天气标准是前方能见度不低于800米或跑道视程不小于550米，着陆最低标准的决断高不低于60米，换句话说，Ⅰ类盲降系统可引导飞机在下滑道上，自动驾驶下降至机轮距跑道标高高度为60米。在此高度，如果飞行员看清跑道就可以实施落地，否则就得复飞。

Ⅱ类盲降标准是前方能见度为400米或跑道视程不小于350米，着陆最低标准的决断高不低于30米。Ⅱ类盲降系统可引导飞机在下滑道上，自动驾驶下降至决断高度为30米，如果飞行员能够目视到跑道，就可实施着陆，否则就得复飞。

Ⅲ类盲降的天气标准是指任何高度都不能有效地看到跑道，只能由驾驶员自行作出着陆的决定，无决断高度。不过Ⅲ类盲降又可分为ⅢA、ⅢB和ⅢC三个子类。ⅢA类的天气标准是前方能见度只有200米、决断高低于30米或无决断高度，驾驶员应考虑的是必须有足够的中止着陆距离，跑道视程要不小于

200米；ⅢB类的天气标准是前方能见度为50米，决断高度低于15米或无决断高度，跑道视程在50～200米，驾驶员保证接地后有足够允许滑行的距离；ⅢC类无决断高度和无跑道视程的限制，也正如我们平常所说的，"伸手不见五指"的情况下，凭借盲降引导可自动驾驶安全着陆滑行。不过，ⅢC类运行一般不被实行。

⊙古今评说

　　随着科学技术的发展，航空科技也得到了飞速的发展，世界上出现了一套仪表着陆系统，为航空飞行提供服务。仪表着陆系统是一种比较先进的着陆设系备，它不仅能够形象地指示飞机与着陆航道和下滑道的相关位置，而且还可以利用这种设备保证飞机在最低气象条件下顺利着陆，无论是昼夜、复杂天气条件下，都可以进近着陆的重要方法之一，确保了飞机的安全行驶，为航空事业的稳定发展创造了有利条件。

组合导航系统

从司南到北斗导航

⊙ 拾遗钩沉

　　组合导航是将GPS、无线电导航、天文导航、卫星导航等系统中的一个或几个与惯导组合在一起，从而形成的综合导航系统。大多数组合导航系统是以惯导系统为主，主要原因是惯性导航不仅能够提供比较多的导航参数，还能够提供全姿态信息参数，这是其他导航系统所不具有的。此外，惯性导航不受外界干扰，隐蔽性也比较好，这也是其独特的优点。

　　不过，惯性导航精度随时间增长而降低。因为惯性导航的核心部件陀螺仪存在漂移误差，会使稳定平台随飞行时间的不断延长，偏离基准位置的角度会随之不断增大，加速度的测量和即时位置的计算误差也在不断增加，从而导致导航精度不断降低。我们要想提高远程飞行的精度，就必须提高陀螺仪、加速度计的制造精度。可是由于制造工艺的限制，对提高精度很困难，或付出相当高的代价。因此，在继续发展高精度惯性导航系统的同时，组合导航成为各国发展导航系统的重点，这样，惯导系统定位误差随时间积累的缺陷，可以由其他导航系统来弥补，从而形成完美的导航系统。组合导航最基本的组合方法是以推测定位为主，定期用更高准确度的设备进行校正。

　　组合导航是在载体装载两种或两种以上不同的导航系统，以适当的方式进行组合，组合后形成一个有机的整体，我们可以利用它们性能上的互补特性，使系统总精度得以提高，以获得比单独使用任一系统时更高的系统性能。如果某系统一旦出现故障，可由其他子系统

组合导航定位系统

124

继续工作，或以工作组合模式的转换来保证系统的正常工作，从而提高了系统的稳定性和可靠性。组合导航系统的各子系统由计算机联接，实现导航定位的自动化，并能够连续实时地提供所需的导航定位参数。

⊙史实链接

最早出现组合导航系统是惯导与多普勒雷达的组合，惯性导航以其高精度姿态信息来稳定多普勒雷达天线，而多普勒长期精度较高，还可以对惯性导航实施空中对准。随着科技的发展，20世纪70年代，又出现了惯导与奥米加系统的组合。

另外，天文导航和惯性导航的自主性强，两者组合在一起，具有很高的军事使用价值。GPS与无线电导航系统的组合，GPS与惯性导航的组合，都是目前世界上最先进的导航方法，两者都可以提供十分完全的导航数据，两者结合在一起，可以优势互补，并能消除各自的缺点，使GPS和惯性导航的应用越来越广泛。

而海上的组合导航系统大致可分为简易型和大型两类。我们了解到的简易型组合导航系统采用大规模集成电路、模块结构和微型计算机控制，它的优点是结构紧凑、可靠、方便、价廉。一般情况下，大型组合导航系统是以惯性导航为主，然后由卫星导航、天文导航以及各种无线电导航设备作为校准手段。有时也会以卫星导航为主，并与奥米加、罗兰和其他高准确度近程定位系统组合的系统。

大型组合导航系统会与自动舵和防撞设备结合在一起，从而形成自动航行系统。大型组合导航系统大量使用的是微型计算机，实行多机一起工作。

军用组合导航系统经常

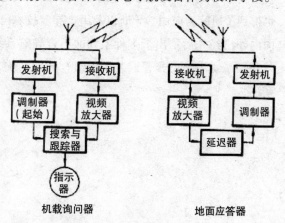

机载询问器　　　　　地面应答器

地美依询问-应答测距系统

125

是以惯性导航为主，再与其他导航设备组合。航空使用的组合导航系统种类很多。民用组合导航系统常见的有伏尔导航系统、地美依导航系统、罗兰C导航系统、伏尔塔克导航系统、奥米加导航系统的组合。其中越洋飞行也是利用惯性导航与奥米加导航系统组合。民航使用的是新一代组合导航系统，它是飞行管理系统，通过把飞行姿态控制、飞行性能管理、导航、气象信息、数字仪表飞行和彩色屏幕显示等组合在一起，从而进行综合处理。组合导航系统是未来导航技术应用的主要模式。

⊙古今评说

组合导航是近代导航理论和技术发展的结果。每种单一导航系统都有各自的独特性能和局限性。将过去单独使用的各种导航设备，通过计算机有机地组合在一起，应用卡尔曼滤波等数据处理技术，就能利用多种信息源，发挥它们各自的特点，取长补短，使系统导航进步提高精度、可靠性和自动化。组合导航系统是21世纪导航技术发展的主要方向之一。组合导航系统是随着电子计算机技术，尤其是微机技术的迅猛发展以及现代控制理论的进步，在航空、航天与航海等领域逐渐发展起来的。今天我们看到组合导航在飞机、舰船、潜艇、导弹、宇宙飞船等大型载体上，都有了广泛的研究与应用。随着导航技术以及科学技术的发展，组合导航技术已经开始在陆地车辆导航以及个人运动定位中也得到了研究与应用。导航以及组合导航技术已经逐步进入人们的日常生活。国内外已经先后推出了多种系列的组合导航系统，其在新研制的大型运载体与武器系统中，已经普遍装备了组合导航系统，成为最重要、最基本的导航系统。

现代仪器——陀螺仪

⊙拾遗钩沉

陀螺仪是一种既古老而又很有生命力的仪器，从第一台陀螺仪器问世一直到现在，陀螺仪仍吸引人们的眼球，让人们对其进行深入研究。陀螺仪的稳定性和进动性是其最主要的特性。人们最早是从儿童玩的地陀螺中，发现陀螺高速旋转可以竖直不倒，能够保持与地面垂直，从而证明了陀螺的稳定性。

陀螺仪

传统的惯性陀螺仪主要是指机械式的陀螺仪，它对工艺结构的要求会比较高，且结构也很复杂，精度会受到多方面的制约。从20个世纪70年代起，现代陀螺仪的发展已经进入了一个全新的阶段。

从昔日的地陀螺到今日的现代陀螺仪，是一个漫长的历史。随着科技的进步，人们的技术也在不断地提高。陀螺仪已经成为一种能够精确地确定运动物体的方位的惯性导航仪器，它不仅应用于航空、航海、航天，而且在国防工业中也被广泛使用，它的发展对我们国家的工业、国防和其他高科技的发展具有十分重要的战略意义。

⊙史实链接

1976年，我国提出了现代光纤陀螺仪的基本设想，到了20世纪80年代，这种设想已经变为现实。现代光纤陀螺仪得到了非常迅速的发展，在这期间，激光谐振陀螺仪也取得了很大的发展。因为光纤陀螺仪具有结构紧凑、灵敏度高、工作可靠等优点，与光纤陀螺仪同时发展的除了环式激光陀螺仪外，还有现代集成式的振动陀螺仪。令我们惊奇的是，集成式的振动陀螺仪与其他陀螺仪相比，体积更小，具有更高的集成度，是现代陀螺仪的一个重要的发展方向。

现代光纤陀螺仪包括干涉式陀螺仪和谐振式陀螺仪两种，它们是根据塞格尼克的理论发展起来的。塞格尼克理论是指当光学环路转动时，在不同的前进方向上，光学环路的光程相对于其他环路在静止时的光程都会产生变化。利用这种光程的变化，可以制造出干涉式光纤陀螺仪。干涉式陀螺仪在实现干涉时的光程差比较小，因此，它所要求的光源需要有较大的频谱宽度，而谐振式的陀螺仪在实现干涉时，它的光程差较大，那么它所要求的光源需要有很好的单色性。

陀螺仪器不仅可以作为一种指示仪表，更重要的是，它可以作为自动控制系统中的一个敏感元件，也就是可作为信号传感器。根据情况，陀螺仪器可以向人们提供准确的方位、水平、位置、速度和加速度等信号，这样可方便驾驶员使用自动导航仪来控制飞机、舰船以及航天飞机等。而在导弹、卫星运载火箭以及空间探测火箭等，主要是通过利用这些信号完成航行体的姿态控制和轨道控制。我们可以把陀螺仪器作为一种稳定器，能使列车在单轨上行驶，能减小船舶在风浪中的摇摆，并且还能使安装在飞机或卫星上的照相机相对地面保持稳定，等等。

⊙古今评说

在科技的不断发展下，陀螺仪已经发展成为一种精密测试仪器，能够为导弹发射、地面设施、地下铁路、矿山隧道、石油钻探等提供准确的方位基准，从而带来更多的便利。我们可以看出，在今日，陀螺仪器的应用范围越来越广，适用领域越来越宽阔。陀螺仪器最早是用于航海导航，但是随着科学技术的进步，它不仅在航空和航天事业中占有重要的地位，而且在现代化的国防建设和国民经济建设中得到了更加广泛的应用。

汽车导航

⊙拾遗钩沉

　　汽车导航是利用了GPS全球卫星定位系统的功能。我们在驾驶汽车时，通过GPS系统，能够随时随地知道自己的确切位置。汽车导航系统主要由导航主机和导航显示终端两部分组成。内置的GPS天线会接收到来自环绕地球的24颗GPS卫星中至少三颗所传递的数据信息，这样来测定汽车当前所处的位置。汽车导航具有的自动语音导航、最佳路径搜索等功能，为我们提供了更加便捷的服务。

　　地球上空的同步卫星在最初的时候是用于军事和航空导航。但是后来，对同步卫星的使用没有太多限制，从而打开了新的天地。随后出现的商用通信卫星，更是大大地增加了通信卫星的准确性和覆盖度。

　　自从有了公路，就出现了为人们指路的地图。地图作为人们指路的向导，给人们带来了方便，但印刷的地图常常跟不上街道的变化，又很难辨认，因此，就经常会出现走错路，迷路的现象。如果能够利用高空上的卫星信号为汽车提供准确而又及时的导航定位，那真是人类的一大福音。

汽车导航系统设备

⊙史实链接

　　随着科学技术的不断发展，汽车越来越多，人们的交际也越来越广，经常驾驶于祖国各地。因此，汽车导航系统随之也发展得非常迅速。人们在购买新车时，会选择导航系统作为选择配置，有时候也会在已有的汽车上安装该设备，甚至配置一台移动式的卫星导航系统。我们外出野游、爬山时，都可以带着它。

为汽车驾车人指路的卫星导航系统有四个重要部分，即卫星信号、信号接收、信号处理和地图数据库。

卫星信号

汽车卫星导航系统依靠全球定位系统（GPS）来确定汽车的位置。GPS需要汽车所处的经度和纬度，在某些特殊情况下，还需要知道海拔高度，这样才能准确定位。由于GPS需要汽车导航系统在同步卫星的直接视线范围内才能有效，所以汽车如果在隧道、桥梁，或是高层建筑物之间，卫星信号会不好，它们会挡住直接视线，使导航系统不能正常工作。另外，汽车至少要同时在三

美国GPS全球定位系统示意图

个同步卫星的视线之下，才能确定位置。在导航系统直接视线范围内的同步卫星越多，定位效果就越准确。通常同步卫星都是在人口密集的大都市的上空，当人们远离城区时，导航系统就不会起到很好的效果。

信号接收

GPS系统的工作原理主要是解析从同步卫星那里获得信号。将其投影在一个竖直的平面上，这些信号能够形象地表示为一个个的倒漏斗形。如果这些"漏斗"的下半部分能够出现一定的重叠时，GPS的解析程序就可以计算出汽车所在的位置坐标。

信号处理

GPS将接收到的信号和计速装置所提供的信息，通过接收器，传递给汽车导航系统，并由该软件系统对其进行分析处理，重叠在存储的地图之上。

地图数据库

当GPS所提供的坐标信息重叠在电子地图上时，驾车人就可以看到自己所在位置以及未来的方向了。这个环节叫成图，也是车载导航系统中最重要的一

环。如果离开了成图，导航系统就如没有了方向。

汽车导航系统的最新发展趋势是利用蓝牙无线技术，接收汽车GPS传送过来的信号。汽车导航系统只需要接收和处理卫星信号，显示装置则负责地图的存储和位置的重叠。汽车导航系统除了可以为我们提供指路导航之外，还可以发展

汽车导航仪上导航显示

出许多其他的用途，比如帮我们寻找附近的酒店、加油站、自动提款机以及一些其他地方。有的还可以告诉人们如何避免危险地区或是交通堵塞。

大多数的汽车导航系统利用视觉显示系统，有些会为人类提供语音系统，让人们直接与导航系统对话，用语音来提醒驾车人什么时候转弯，什么时候退出高速公路。有时候还会为我们提供一个行经路线的地图，以便回程之用。有的汽车导航系统还可以告诉我们当地的限速、路况、此时的平均速度，以及估计达到目的地的时间。

⊙古今评说

GPS（卫星导航定位）似乎远离老百姓的生活，但实际上我们目前已经处处享受到卫星导航定位的服务，比如汽车的导航。汽车导航的问世，让我们在出行时，更加放心，不用再为了怕迷路而担心。汽车导航利用GPS全球卫星定位系统功能，随时随地都可以知晓自己的确切位置，让人们轻松享受到汽车导航技术带来的便利，享受生活无穷乐趣。汽车导航是科技的进步，也是社会、人类的进步，让我们跟随时代的步伐，一起前进吧。

地图导航技术

⊙拾遗钩沉

　　地图是随着人类政治、经济和军事活动的产生而产生，并随之发展而发展。史前时期，人们把自己生活的环境以及所走过的路线等，会用符号把它们标记在树皮或兽皮上，这样可以引导人们安全到达目的地。随着社会生产水平的提高以及人类活动范围的扩大，地图技术也逐渐走向成熟。

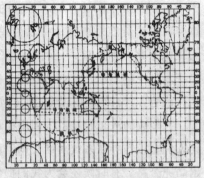

墨卡托地图投影

　　古希腊，有个著名的地理和地图学家叫托勒密，他曾经研究和设计了普通圆锥投影。16世纪，荷兰著名的地图学家墨卡托，他也对世界地图制图的发展做出了重要贡献。17世纪，欧洲进行了大规模三角测量和地形图测绘。19世纪，世界上各种专题地图开始萌芽与发展。20世纪初，航空摄影测量方法诞生，随之地图导航也成为人们导航的一种重要方式。

　　1930年，欧洲国家设计了一种早期的汽车导航仪。车上安装了一个简单的纸质地图，可以根据实际车速来卷动安装好的路线图，当人们到一个陌生的地方时，就可以摆脱大幅的纸质地图，从而起到导航的功能。

⊙史实链接

　　人类的远航，必不可少的工具就是地图，航海也需要地图——航海图。航海图是真正从地图中分离出来的，由欧洲中世纪海员专用于航海的地图，他们根据实际航海经验绘制成了"航海指南"的海图，也被称为波托兰海图。

大约12世纪，中国发明了指南针，指南针通过海路传入阿拉伯，又经阿拉伯传到欧洲，使欧洲海员在航行中获益非浅。以前的航海家必须依靠北极星导航，后来，出现了波托兰海图，它以标示海洋为主，海岸标示得很详细，比如，海域标示岛、礁、滩等地貌，突出标示航海用的罗盘方

1500年的波托兰海图

位线。在随后的几世纪中，海图中出现符号和颜色，就是从波托兰海图延续下来的。15世纪，由于托勒密的地理学说在欧洲得到了重新认识，在此基础上，葡萄牙绘制出第一幅有经纬网格的海图，是一幅标有方向线和距离的几何结构海图，这幅航海海图在欧洲受到广泛欢迎。

明朝时期，我国的航海图测制到了兴盛时期，现在保存最早的古航海图就是明代的《海道指南图》，另外还有《山屿岛礁图》和《海运图》，不过最著名的是流传百世的《郑和航海图》。《郑和航海图》是航行者站在船头，通过观测所看到的景物，凭产生的视觉感受而绘制的，其中有山画山，遇岛画岛以及画出航行中一些重要的标志。

《郑和航海图》在绘制中还采用了不同的比例，将航程总图与山陆岛屿放大图绘在一起，采用虚线来表示航线，在离岸较远的航线上，会标注出正确的航向以及所需航程，有时还标记有航道深度以及航行中应该注意的事项，是我国最早的能独立指导航海的地图。《郑和航海图》与同时期西方最有代表性的波特兰海图相比，《郑和航海图》制图的范围更加广，内容更加丰富。

随着科学技术的进步，我们看到的不只是纸质的地图，如今出现了更先进的电子导航地图。它是数字地图，是利用计算机技术，以数字方式存储和查阅的地图，一套用于在GPS设备上导航的软件。地图比例可放大、缩小或旋转而不影响显示效果，而早期使用的地图比例不能放大或缩小。电子导航地图软件一般利用地理信息系统来储存和传送地图数据，也有其他的信息系统。它主要是实现路径的规划和导航作用。电子导航地图是由道路、背景、注记和POI组

133

成，有的电子地图还具有3D路口实景放大图、三维建筑物等。电子导航地图还可以与普通地图的内容进行任意形式的要素组合、拼接，从而形成新的地图。它还可以很方便地与卫星影像、航空照片等其他信息源结合，形成新的图种。总之，科技在进步，人类导航工具也在不断进步，只有跟随时代的步伐，才能走得更远。

3D电子导航地图影像

⊙古今评说

从早期的纸质地图到今天的电子导航地图，是社会科技的进步，是一次伟大的飞跃。现代社会里，各式各样的导航工具出现在生活中，令我们目不暇接。虽然今天的导航技术更先进，但也是在古人的基础上发明创造的，他们具有非凡的头脑和智慧。无论是波特兰海图还是《郑和航海图》，都是所在年代最伟大的导航设备。有了它们，人们才能够安全、放心大胆地航行在宽阔的海洋中。

无线电罗盘

⊙ 拾遗钩沉

　　无线电罗盘是指飞机航向的无线电导航仪表，是最早使用的无线电导航仪表。严格说来，其实无线电罗盘并不是罗盘。为什么呢？因为无线电罗盘的指针指示的并不是相对于磁北极的方向，而是相对于它所调指的无线电台的方向，所以又被称为机载无线电测向器。无线电罗盘是由环状天线、垂直全向天线、罗盘接收机、指示器和控制盒等组成的。按照指示的方式分为无线电半罗盘和无线电罗盘。

环装天线

　　无线电罗盘于1932年开始用于飞机上。

⊙ 史实链接

　　无线电罗盘是在无线电半罗盘工作原理的基础上发展而来的，它能够自动地测出飞机纵轴与电波来向之间的夹角（相对方位角）。无线电罗盘使用起来比较简便，并有为数众多的导航台所选用，从20世纪30年代起一直到现在，是飞机必备的无线电导航仪表。但是由于工作在中波波段，噪声干扰比较大，测量精度也很低，是供飞机测向用的最早的无线电导航设备。

　　飞机上无线电罗盘接收来自地面归航台发射来的电磁波，用环形天线手动或自动跟踪电磁波来连续测量飞机纵轴与电磁波来向的夹角，也就是通常所说的相对方位角。相对方位角应该按顺时针方向来计量，并用指示器来指示。飞行员可以根据相对方位角来引导飞机向归航台顺飞或者背飞。在一些比较简陋的机场上，也可以利用这种系统来引导飞机进场。

　　无线电罗盘最初是用于指示飞机是否左右偏飞，用人工旋转环形天线或靠

135

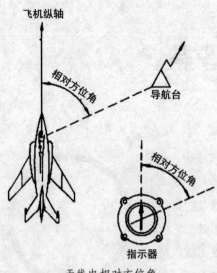

飞机纵轴

相对方位角

导航台

相对方位角

指示器

无线电相对方位角

听觉辨别声音，后来发展成为全自动无线电罗盘。无线电罗盘测向的主要功能来自环形天线和辨向天线。现代无线电罗盘的环形天线已经改装成平板形，使用的材料也发生了变化，这样改造之后，可以减小飞行的阻力。

这种导航设备提供的方位准确度，主要受电磁波极化变化的影响。它采用地波，不适合利用天波。因为夜间天波强，会使罗盘的准确度下降。罗盘在信号强度达50微伏/米以上时能正常工作。在实际应用中，方位的测量准确度在±3°～±10°。要想使误差保持在±3°，须对飞机上的罗盘对照归航台方向进行校正，来消除象限误差。出现误差的原因有多种，比如，飞行误差、操作误差和设备误差等多种因素，会影响准确度。

⊙古今评说

无线电罗盘是根据无线电定向原理来指示飞机与某个地面导航台的方位的。它能够准确地反映出航空器的航向或方位，不仅可以引导飞行员正确操纵飞机，顺利完成训练及作战任务，还可以避免在飞行时出现迷航现象，保证飞机的飞行安全，特别是在复杂气象或夜间飞行时，更为重要。

先进的飞机导航系统

⊙拾遗钩沉

飞机导航系统是指能够准确地判断飞机的位置，并引导飞机按预定航线飞行，所形成的整套设备（包括飞机上的和地面上的设备）。

早期，飞行员主要是靠目视导航。到了20世纪20年代开始发展成仪表导航，从而，在飞机上有了简单的仪表，依靠人工计算来得出飞机当时的位置。20世纪30年代初，出现了无线电导航，首先使用的是中波四航道无线电信标和无线电罗盘。20世纪40年代初开始研制超短波的伏尔导航系统和仪表着陆系统。50年代初，出现了惯性导航系统，用于飞机导航。直到今天，出现了卫星导航以及全球定位导航系统。

飞机内的导航仪表盘

⊙史实链接

我们的飞行员是如何来确定飞机的瞬时位置的？随着社会的进步，先后出现了三种方法，其中包括目视定位、航位推算和几何定位。

目视定位是由驾驶员通过观察地面的标志来判定飞机的位置，尤其在起飞

137

和着陆过程中。

航位推算是根据已知的前一时刻飞机位置和测得的导航参数推算当时飞机的位置，也是一种常用的自主式导航定位方法。它是根据运动物体的运动方向和航向距离的测定，去推算出当期的位置或预测未来的位置，从而可以形成一条运动轨迹，来引导航行。它具有低成本、自主性、隐蔽性好的优点，而且在短时间内精确度比较高，但是定位误差会随着时间逐渐积累，不利于长时间运用。惯性导航实质上也是进行航位推算，是由惯性元件来测得加速度，经过两次测定才得到位置信息。航位推算是近代导航的主要方法，它不易受无线电干扰，可进行全球导航。

几何定位是以某导航点为基准来确定飞机相对于导航点的位置，从而测定出飞机的位置线，接下来再确定飞机相对于另一导航点的位置，定出另一条位置线。而两条位置线的交点就是飞机所在的位置。

飞机导航系统依工作原理的不同可分为多种。

第一，仪表导航系统是由飞机上简单仪表提供的数据，通过人工计算得出各种导航参数。这些仪表包括空速表、磁罗盘、航向陀螺仪和高度表等。

第二，无线电导航系统是利用地面无线电导航台和飞机上的无线电导航设备对飞机进行定位和引导。无线电导航系统按所测定的导航参数，分测角系统、测距系统、测距差系统、测角测距系统、测速系统等。

第三，惯性导航系统利用的是牛顿定律，通过测定安装在惯性平台上的三个加速度，测出飞机沿互相垂直的三个方向上的加速度，接下来由计算机对加速度信号、时间进行一次和二次积分，得出飞机沿三个方向的速度和位移，从而能连续地给出飞机的空间位置。

第四，天文导航系统是以天体（如星体）为基准，利用星体跟踪器测定水平面与对比星体视线间的夹角（称为星体高度角）。通过测定两个星体的高度角可得到两个大圆，那么它们的交点就是飞机的位置。

第五，组合导航系统是结合以上几种导航系统所构成的性能更为完善的导航系统。

⊙古今评说

　　空中导航领航是随着技术发展同步前进的。早期的飞行，空中领航方法以地标罗盘领航为主，很多飞行员是借助天文领航，如果是在夜间飞行，更是十分困难。不同季节的飞行也具有巨大的挑战，给飞行员识别方位领航定位都带来很多困难。但是在今天飞行员不用再为这些外界因素所担心，如今出现的一系列的飞机导航系统，与过去相比，更加方便、快捷、准确，是社会的一大进步，对飞机的安全、无误飞行，具有重要意义。

全球定位导航

⊙拾遗钩沉

GPS是全球定位系统的简称，它的英文全称为Global Positioning System。1958年，GPS起始于美国军方的一个项目，1964年开始投入使用。到了20世纪70年代，为了给陆海空三大领域提供实时、全天候和全球性的导航服务，美国陆海空三军联合研制了新一代卫星定位系统GPS。除此之外，它还可用于情报收集、核爆监测以及应

GPS卫星工作示意图

急通信等一些军事目的。在经过了20多年的研究实验，终于在1994年，全球覆盖率高达98%的24颗GPS卫星星座已布设完成。

GPS问世后，它具有全天候、高精度和自动测量的特点，被作为一种先进的测量手段和新的生产力，融入了国民经济建设、国防建设和社会发展的各个应用领域。

⊙史实链接

GPS系统的前身是美国军方研制的一种子午仪卫星定位系统。由于子午仪定位系统使研发部门对卫星定位有了初步的经验，并验证了由卫星系统进行定位的可行性，这样为GPS系统的研制奠定了基础。卫星定位可显示出在导航方面的巨大优越性，而子午仪系统对潜艇和舰船导航方面都存在很大的缺陷。因此，美国海陆空三军以及民用部门都渴望研制一种新的卫星导航系统。

GPS的出现给世人带来更方便、准确的导航服务。GPS具有以下几种常见的

功能：

地图查询功能

我们可以在操作终端上搜索所要去的目的地位置，当输入目的地后，系统能够时刻告诉我们应如何走才能到达目的地，例如，当到了某个路口时，它会用语音或图示告诉我们是向左、向右还是直行；可以记录我们经常要去的地方的位置信息，而且还会保留下来，也可以和别人共享这些位置信息。另外，它还可以模糊地查询我们所在地附近或某个位置附近的加油站、宾馆、商店等信息。

路线规划功能

GPS导航系统会根据我们所设定的起始点和目的地，自动规划一条线路。规划线路中可以设定是否要经过某些途径点，可以设定是否避开高速等功能。它还可以测速、确定我们的当前位置，还会提醒驾驶员是否已经超速等。

自动导航

自动导航包括语音导航、画面导航、重新规划线路。语音导航可以向驾驶者提供路口转向，导航系统状况等行车信息。是导航中最重要的一个功能，驾驶员在不方便看时，可通过语音提示安全到达目的地；画面导航是指在操作终端上，会显示地图以及当前所在位置，另外，还会知道

GPS基本定位原理

离目的地的距离；重新规划线路是指当驾驶员没有按规划的线路行驶，或者走错路口时，GPS导航系统会根据驾驶员当前所在的位置，重新为其规划一条新的到达目的地的线路。

GPS导航系统还会给我们提供一些其他的功能，比如，看电影、听音乐、

看电子书等。带蓝牙功能的导航仪，还可以实现蓝牙免提、接听电话等。

⊙古今评说

GPS导航系统像一个无所不晓的"导游"，我们在它的指引下，就再也不用担心迷路，而且会更加安全地行走在道路上。它不仅在个人使用上发挥了巨大作用，在国防建设、经济发展等更有非常深远的影响，在今天这个飞速发展的时代中有不可忽视的作用。

俄罗斯的格洛纳斯的曲折历史

⊙拾遗钩沉

格洛纳斯（GLONASS）是俄语中全球卫星导航系统的简称，它的作用就类似于美国的GPS。其实俄罗斯格洛纳斯系统正式启动比GPS还早，由于经济的影响而受到限制。与GPS系统不同的是，格洛纳斯系统采用频分多址的方式，每颗格洛纳斯卫星广播两种信号，L1和L2信号。格洛纳斯系统设计定位精度在95%的概率条件下，水平方向是100米，垂直方向是150米。

格洛纳斯卫星系统

格洛纳斯项目是苏联在1976年开始启动的项目，在那时，格洛纳斯系统预计将使用24颗卫星实现全球定位服务，这样，可以向全球提供高精度的三维空间和速度信息，也提供授时服务。其中，在计划中，格洛纳斯星座卫星由中轨道的24颗卫星组成，包括21颗工作星和三颗备份星，分别分布于三个圆形轨道面上，轨道高度约19100千米，倾角64.8°。格洛纳斯卫星导航定位系统的历史，可谓苏联到俄罗斯的衰亡复兴史的缩影。

⊙史实链接

1982～1985年，苏联发射了三颗模拟星和18颗原型卫星用来测试，但是由于国家的卫星和电子设计水平存在一定的技术差距，使得这些测试卫星寿命只有1年。到了1985年，格洛纳斯系统开始正式建设，在接下来的一年中，改进了卫星的频率标准后，相比以前，增强了频率的稳定性，成功发射了六颗真正的格洛纳斯卫星升空，不过它们的寿命还是不佳，平均寿命只有大约16个月。他们又继续改进技术，随后又发射了12颗卫星，其中有一半的卫星在发射时，出现事故，而受损失了，而这些新卫星设计寿命为两年，实际平均寿命是22个月。

一直到1987年，格洛纳斯系统包括早期原型卫星在内，一共发射了30颗卫星，在轨道正常运行的有九颗。从1988年起，对发射的卫星进行了进一步的改进，这个版本现在被称为格洛纳斯卫星。这些卫星的设计寿命进一步提高到三年。

1988年，格洛纳斯系统发射了八次，有24颗卫星送入轨道，仍然由于卫星寿命的原因，在1991年，只有12颗卫星正常工作，仅可以提供有限的定位服务。从1995年开始，虽然加强了格洛纳斯的建设，直到1996年1月18日，在轨运行卫星数量达到24颗，首次具备了全球导航能力，不过

质子火箭

这只是昙花一现。因为受到经济技术的影响，格洛纳斯卫星的设计寿命只有三年，从1996～1998年，俄罗斯只发射过一次质子火箭，在1996年的时候还有22颗卫星可正常工作，但是到了1997年就只剩下16颗了，国土辽阔的俄罗斯要想提供可靠的卫星导航就必须需要至少18颗卫星，因此，这时的格洛纳斯已经不能为该国提供全面覆盖了。

1999～2001年，在这段时间里，格洛纳斯更是令人失望，质子火箭只有两次发射了六颗卫星，由于卫星不能得到及时的更新，直接导致格洛纳斯在轨运行卫星数量降低到了七颗，不仅卫星数量不足，而且地面控制设备也不足。那时的格洛纳斯导航系统只能提供水平方向50～70米、垂直方向70米的定位精度。

2002年后，随着俄罗斯经济的复苏，格洛纳斯系统也走向复兴阶段。2002年，在轨运行卫星增加到八颗，在随后的2003、2004、2005年分别增加到10、11、12颗。尤其是2003年发射的卫星，是格洛纳斯重大的改进版本，被称为格

洛纳斯–M卫星。格洛纳斯–M卫星是在1990年开始研制，原本计划在1994年发射，由于历史原因，被推迟了10年。通过进一步改造后，卫星的寿命提高到七年。新卫星使用了星间数据链，除此之外，卫星在定位精度上也有了很大的提高，为格洛纳斯系统追赶GPS系统奠定了基础。

格洛纳斯导航卫星

在接下来的数年内，质子火箭稳定地发射格洛纳斯–M卫星，2008年，格洛纳斯在轨运行卫星数量终于再一次增加到18颗，这被称为格洛纳斯系统复兴道路上的里程碑，意味着格洛纳斯即将可以为俄罗斯提供全境卫星导航服务。随着新的格洛纳斯–M卫星的正常工作，格洛纳斯星座预计达到水平方向上5米，垂直方向上9米的精度，格洛纳斯卫星导航系统精度已经接近GPS系统。他们还要进一步改进格洛纳斯精度。

俄罗斯航天局在提高授时和定位精度的基础上，还在原子钟上改进技术，使用了高性能的温控系统，使原子钟温度波动在0.1° ～0.5°，这样，可以降低由于温度变化造成原子钟精度的影响。此外，针对卫星也改进了姿控系统，提高了太阳能电池板的指向精度，从而降低了微重力影响，从而使得格洛纳斯系统的定位精度提高到了一个新的水平，有望达到和超过现有GPS的标准。

2013年7月2日上午，在哈萨克斯坦拜科努尔航天发射场，俄罗斯"质子M"运载火箭搭载三颗俄国"格洛纳斯"导航卫星发射升空，不过在火箭离地不久后发生了故障，箭体出现大角度偏离航线，在空中解体，最后坠地爆炸。

⊙古今评说

格洛纳斯全球卫星导航系统的实施，对俄罗斯具有重要的意义，它不仅可以为人们提供生活上的便捷，也可以为本国的工业和商业带来可观的经济效益，更重要的是拥有了自己的全球定位系统，从而有助于打破美国定位导航系统的垄断，另外，该系统为俄国的国防建设创造了有利条件。

伽利略定位系统

⊙拾遗钩沉

　　伽利略定位系统是由欧盟研制和建立的全球卫星导航定位系统，被称为"欧洲版GPS"。伽利略卫星导航系统于1999年2月由欧洲委员会公布，欧洲委员会和欧空局共同负责。该系统计划由轨道30颗卫星组成，其中包括27颗工作星，三颗备份星。卫星轨道高度约为2.4万千米，位于三个倾角为56°的轨道平面内。

　　伽利略定位系统是继美国全球定位系统（GPS）、俄罗斯的格洛纳斯系统外，第三个可供民用的定位系统。"伽利略"计划是一种中高度圆轨道卫星定位方案。"伽利略"系统将为欧盟成员国、中国的公路、铁路、空中和海洋运输以及徒步旅行者，提供精确的导航服务，从而打破美国独霸全球卫星导航系统的格局。

欧洲"伽利略"导航卫星示意图

　　2005年，欧洲"伽利略"卫星导航系统的首颗实验卫星发射升空。欧洲向"卫星定位技术独立"迈出重要一步。

⊙史实链接

　　"伽利略计划"是欧洲于1999年初正式宣布独立于GPS和GLONASS的全球卫星导航系统。为了建立欧洲自己控制的民用全球导航定位系统，欧洲人决定实施"伽利略计划"。

　　1996年，欧洲议会和欧盟交通部长召开会议，制定了有关建设欧洲联运交通网的共同纲领，首次提出了建立欧洲自主的定位和导航系统的问题，并提出"伽利略计划"为四个阶段：论证阶段，这一阶段主要是论证计划的必要性、可行性以及落实具体的实施措施；系统研制和在轨验证阶段；星座布设阶段；运营阶段，在此阶段其任务是系统的保养和维护以及提供运营服务，按计划更新卫星等。

2000年以后，欧洲国家出现经济衰退的现象，尤其在"911事件"发生之后，美国政府更加反对欧盟的"伽利略计划"。2002年，"伽利略计划"负责人表示在美国的压力下，使"伽利略计划""接近死亡"。不过，几个月后，事件出现了转变，美国政府对"伽利略计划"态度不再僵硬，欧盟成员国更加认为应拥有自己的定位及计时系统。2003年3月20日，美国联同其他三个国家，开始进攻伊拉克，使得欧盟国家更加坚定自己的研究计划。2005年12月28日，"伽利略"系统的首颗实验卫星"GIOVE-A"由俄罗斯"联盟-FG"火箭从哈萨克斯坦的拜科努尔航天中心发射升空。

伽利略定位系统是由空间段、地面段、用户三部分组成。而空间段主要由分布在三个轨道上的30颗中等高度轨道卫星构成，每个轨道面上有10颗卫星，其中有九颗正常工作，另外一颗作运行备用，轨道面倾角为56°。地面段包括全球地面控制段、全球地面任务段、地面支持设施、导航管理中心、地面管理机构、全球域网。用户端主要是指用户接收机。

伽利略定位系统有导航、定位、授时以及搜索与救援等基本服务；另外，还会扩展其应用服务，比如，飞机导航和着陆系统中的应用、铁路安全运行调度、海上运输系统、陆地车队运输调度以及精准农业。伽利略系统能够保证在许多特殊情况下提供服务。伽利略系统可以分发实时的米级定位精度信息，这是现有的卫星导航系统所没有的。与美国的GPS相比，伽利略定位系统更先进，也更可靠。美国

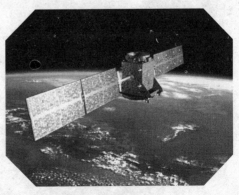

首颗实验卫星"GIOVE-A"

147

GPS向别国提供的卫星信号，只能发现地面大约10米长的物体，而伽利略的定位卫星却能发现1米长的目标。欧盟的一位军事专家曾经这样比喻说，GPS只能找到街道，而伽利略却能够找到家门。

2011年10月，伽利略定位系统首批两颗卫星成功发射，可以组网进行地面三维定位，2012年10月，伽利略全球卫星导航系统第二批两颗卫星成功发射升空，太空中已有四颗伽利略系统卫星正常工作，初步发挥了地面精确定位的功能。

⊙古今评说

随着欧洲经济实力的壮大，欧盟的独立意识大大增强，希望摆脱对美国军事和技术的依赖。它不仅能使人们的生活更加方便，还将为欧盟的工业和商业带来可观的经济效益，加强国防建设，所以，欧盟要推进自己的各种航天计划。伽利略定位系统是欧洲自主、独立的全球多模式卫星定位导航系统，能够提供高精度、高可靠性的定位服务，从而实现完全非军方控制、管理，进而进行全球覆盖的导航和定位功能。因此，"伽利略计划"对欧盟具有关键意义。

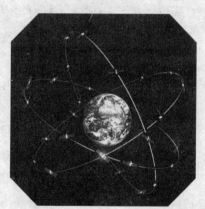

伽利略定位导航系统示意图

北斗导航系统

⊙拾遗钩沉

北斗卫星导航系统是中国正在实施的自主研发、独立运行的全球卫星导航系统，简写为BDS。中国的BDS是与美国的GPS、俄罗斯的格洛纳斯、欧盟的伽利略系统兼容共用的全球卫星导航系统，并称为全球四大卫星导航系统。

早在20世纪60年代末，我国就已经开展了卫星导航系统的研制工作，但由于种种原因而夭折。从20世纪70年代后期，我国又重新开展了探讨适合国情的卫星导航系统的体制研究，并提出了单星、双星、三星和3-5星的区域性系统等

我国的"北斗"导航卫星

方案，甚至多星的全球系统的设想，但是由于诸多原因，这些方案和设想都没有能够实现。

"北斗"导航系统示意图

20世纪80年代开始，我国就结合当前国情，科学、合理地提出、并制订了自主研制实施"北斗"卫星导航系统建设的"三步走"规划。第一步处于试验阶段，实施少量卫星利用地球同步静止轨道来完成试验任务，为"北斗"卫星导航系统的建设，积累技术经验以及培养人才，并研制一些地面应用基础设施设备等；第二步是在2012年，发

149

射10多颗卫星，建成覆盖亚太区域的"北斗"卫星导航定位系统；第三步是到2020年，建成由五颗静止轨道和30颗非静止轨道卫星组网而成的全球卫星导航系统。

北斗卫星导航系统是由空间端、地面端和用户端三部分组成。截至目前，中国已成功发射了四颗北斗导航试验卫星和16颗北斗导航卫星，并将在系统组网和试验基础上，继续逐步扩展成全球卫星导航系统。

⊙史实链接

在科研人员的努力下，中国于2000年首先建成北斗导航试验系统，并稳定运行，成为继美国、俄罗斯之后世界上第三个拥有自主卫星导航系统的国家。我国自主研制的"北斗"导航系统已成功应用于测绘、电信、水利、交通运输、森林防火、渔业、减灾救灾和国家安全等诸多领域，使得我国的经济效益和社会效益有显著的提高。尤其是在2008年中国南方冰冻灾害、汶川特大地震抗震救灾和北京奥运会中，北斗导航系统发挥出非常重要的作用。

2000年10月31日，中国自行研制的第一颗导航定位卫星"北斗导航试验卫星"在西昌卫星发射中心发射成功。发射这颗卫星采用的是"长征三号甲"运载火箭。2000年12月21日0时20分，我国自行研制的第二颗"北斗导航试验卫星"，在西昌卫星发射中心用"长征三号甲"火箭发射升空，并成功进入预定轨道。它与第一颗"北斗导航试验卫星"一起，构成了"北斗导航系统"。随后，我国又于2003年5月25日，在西昌卫星发射中心用"长征3A"运载火箭，成功地将第三颗"北斗导航试验卫星"送入太空。2007年2月3日，发射了第四颗"北斗导航试验卫星"，这标志着我国已经能够自主建立

随长征火箭发射的北斗卫星

卫星导航系统，对我国国民经济建设将起到积极作用。

2007年4月14日4时11分，我国在西昌卫星发射中心用"长征三号甲"运载火箭，成功将第一颗北斗导航卫星送入太空，并稳定运行。发射的北斗导航卫星（COMPASS—M1）是中国北斗导航系统建设计划的第一颗卫星。它的飞行高度为21500千米的中圆轨道。这颗北斗导航卫星的发射成功，标志着我国自行研制的北斗卫星导航系统已经进入了新的发展历程。

时隔两年后，2009年4月15日15日零时16分，我国在西昌卫星发射中心用"长征三号丙"运载火箭，成功将第二颗北斗导航卫星送入预定轨道。这次发射的北斗导航卫星是地球同步静止轨道卫星。

我国又随后发射了第三颗、第四颗……2012年9月19日3时10分，我国在西昌卫星发射中心用"长征三号乙"运载火箭，采用的是一箭双星方式，成功将第十四颗和第十五颗北斗导航卫星发射升空并送入预定转移轨道。这是我国第二次采用一箭双星方式发射北斗导航卫星。这次北斗导航卫星的成功发射，标志着我国北斗卫星导航系统已经逐渐走向成熟阶段。

经过一个多月后，我国于2012年10月25日23时33分，在西昌卫星发射中心用"长征三号丙"运载火箭，成功将第十六颗北斗导航卫星发射升空并送入预定转移轨道。这是一颗地球静止轨道卫星，将与先前发射的15颗北斗导航卫星形成区域服务能力。

北斗导航与GPS、"伽利略"和"格洛纳斯"相比，它的优势更加突出，可以使短信服务和导航相结合，增加了通信功能；最明显的优势是向全世界提供的服务都是免费的，在提供无源定位导航和授时等服务时，用户数量没有限制，特别适合集团用户大范围监控与管理。北斗导航具有安全、可靠、稳定的特性，更好地服务于国家建设与发展，满足全球应用需求。

⊙古今评说

北斗卫星导航系统的建设、发展以及应用对全世界给予开放，为全球用户提供了高质量的免费服务，可以促进我们积极与世界各国开展广泛而深入的交流与合作，促进各卫星导航系统间的兼容与互操作，推动卫星导航技术与产业的发展。北斗卫星导航系统的成功应用，对我国乃至全球诸多领域都发挥着非常重要的作用。独立自主、开放兼容、技术先进、稳定可靠、覆盖全球的北斗卫星导航系统，标志着即将形成完善的国家卫星导航应用产业的支撑、推广和保障体系，这将推动着卫星导航在国民经济及社会各行业的广泛应用。